Norbert Opfermann arbeitet als freier Journalist in Düsseldorf. Der ausgebildete PR-Journalist hat viele Jahre als Pressesprecher gearbeitet und kennt daher beide Seiten der Medaille. Fünf Jahre lang hat er die Handwerkskammer Düsseldorf im Rahmen der Imagekampagne des Handwerks unterstützt. Er schreibt für verschiedene Verlage und ist als Buchautor tätig. Für Innungen macht er Public Relations. Außerdem hält er Seminare und Vorträge über Pressearbeit und Public Relations.

Norbert Opfermann

Fit für die Pressearbeit

Crashkurs Public Relations
für kleine und mittelständische
Unternehmen

Bibliografische Information der Deutschen Nationalbibliothek: Die Deutsche Nationalbibliothek verzeichnet diese Publikation in der Deutschen Nationalbibliografie; detaillierte bibliografische Daten sind im Internet über dnb.d-nb.de abrufbar.

vonjournalisten.de – Das Directpublishing-Portal
von Mybestseller B.V.

Autor: Norbert Opfermann M.A., Düsseldorf
Einbandgestaltung: Werner Schramm, Krefeld
Titelfoto: Can Stock Photo Inc.
Autorenfoto: Manfred Grünwald, Krefeld
Korrektorat: Wolfgang Zengerling M.A., Düsseldorf

Herstellung und Verlag:
vonjournalisten.de

ISBN 978-9-46318-627-8

Inhalt

Vorwort 9

Grußwort 11

1 Was sind Public Relations? 12

Der Unterschied zwischen Werbung und Public Relations ... 13

1.1 Wann ist es Werbung, wann PR? 14

1.2 Überredung contra Überzeugung 16

Nachhaltigkeit von Werbung und Public Relations 17

1.3 Wiederholbarkeit von Werbung und PR 17

1.4 PR kann Werbung flankieren 18

Fazit 19

2 Wie ticken Journalisten? 20

2.1 Wie sieht der Arbeitsalltag bei Journalisten aus?...... 20

2.2 Der Tagesablauf in einer Lokalredaktion 22

2.3 Die wichtigsten Nachrichtenfaktoren 23

Beispiel für eine kuriose Nachricht 25

3 Keine Angst – Journalisten sind auch nur Menschen 26

3.1 Der erste Schritt 26

3.2 Die Kontaktaufnahme 27

3.3 Tipps für Gespräche mit Journalisten 28

3.4 Wenn es nicht geklappt hat 29

4 Wie schreiben Journalisten? 30

Aufbau einer Nachricht 31

Die umgekehrte Pyramide 32

4.1 Journalistisches Schreiben 33

4.2 Die W-Fragen ... 34
5 Die Pressemeldung ... 35
5.1 Anlässe für Pressemeldungen ... 36
5.2 Der Aufbau einer Pressemeldung ... 36
5.3 Die Überschrift ... 37
Beispiel für eine Überschrift ... 38
5.4 Der erste Absatz ... 38
5.5 Das Kurzportrait ... 39
5.6 Das Layout ... 39
Muster für Pressemeldungen ... 40
Nachrichten-Check ... 43
Beispiel für eine längere Pressemeldung ... 44
5.7 Aus Worten werden Texte ... 46
Check für Texte ... 47
Beispiel für eine Presse-E-Mail ... 48
E-Mail mit Foto-Link ... 51
6 Die Presse-Einladung ... 52
Beispiel für eine Einladung zu einem Fototermin ... 53
Beispiel für eine Einladung zur Pressekonferenz ... 54
7 Die Pressekonferenz ... 56
Beispiel für ein Antwortfax ... 57
Tipps für die Bewirtung ... 58
7.1 Auf Highlights beschränken ... 59
7.2 Dialog, nicht Verlautbarung ... 59
7.3 Vorbereitung/Einladung ... 59

Check für die Pressekonferenz ... 61
Beispiel für einen Bericht nach einer Pressekonferenz ... 62
7.4 Der Ablauf ... 64
Beispiel für Nennung des Fotografen und Copyrights in einer E-Mail ... 65
Inhalt der Pressemappe ... 66
8 Wie man es nicht macht ... 67
9 Gewusst wie ... 69
10 Freie Dienstleister ... 73
11 Erfolgskontrolle ... 73
12 Storytelling im crossmedialen Kontext ... 74
Beispiel für Storytelling im Social Web ... 77
13 Content Marketing: PR oder Marketing? ... 79
14 PR im Handwerk ... 80
Beispiele aus dem Handwerk ... 83
Artikel über den Gnadentaler Unternehmertisch ... 86
Artikel zur Veranstaltung »Mobil mit Handicap« ... 88
15 Mehr Freiheiten durch freie Mitarbeiter? ... 90
16 History Communication: Haben Sie schon ein Buch veröffentlicht? ... 92
Buch zum 125-jährigen Jubiläum ... 96
17 Die Macht der bewegten Bilder ... 98
18 Werbung und Sondersendeformen im Radio und im Fernsehen ... 101
19 Advertorials ... 105
Beispiel für eine Serie mit Verbrauchertipps ... 110

20 Workflows in der Kommunikation 111
Workflow einer Newsletter-Anmeldung 112
Anhang 114
Literaturtipps 114
Medien-Datenbanken 115
PR-Software 116
Presseportale 116
Index 117

Die Internetadressen und Daten, die in diesem Buch angegeben sind, wurden vor Drucklegung geprüft (Stand: April 2016). Der Autor übernimmt keine Gewähr für die Aktualität und den Inhalt dieser Adressen und Daten, die mit ihnen verlinkt sind.

Vorwort

Sie alle kennen den Spruch: »Es ist noch kein Meister vom Himmel gefallen.« Auf der anderen Seite heißt das aber auch, dass jeder mit Fleiß und der richtigen Ausbildung zu einem Meister werden kann. Sie haben sich schon oft die Haare gerauft, weil Ihre Pressemeldungen nicht den Weg in die Zeitung gefunden haben?

Dann sind Sie hier richtig. Auch journalistisches Schreiben ist nur ein Handwerk. »Klappern gehört zum Handwerk« heißt es im Volksmund – und ich werde Ihnen beim Klappern helfen. Dieser Ratgeber soll Sie dabei unterstützen, Ihre Pressearbeit zu optimieren. Weil ich beide Seiten der Medaille kenne, weiß ich, wie Journalisten ticken und welche Informationen sie benötigen. Ich werde Ihnen das journalistische Handwerkszeug vermitteln, so dass Sie sehr bald mit Ihren Texten und Fotos die Zielgruppe der Redakteure bei Presse, Radio und Fernsehen begeistern werden.

Ich habe selbst journalistische Seminare gehalten. Dabei kam immer wieder die Frage nach Fachliteratur auf. Es gibt bereits eine Unzahl von Büchern, vom »ABC des Journalismus« bis zu »PR für Dummies«, aber das Feedback der Seminarteilnehmer zeigte, dass sie eine wesentlich kompaktere Information wünschten – die zehn Gebote für das journalistische Schreiben sozusagen. Also bin ich dem Wunsch der Teilnehmer* nachgekommen und habe einen Schnellkurs in Buchform herausgebracht. In dieses Buch bringe ich in kurzer und knapper Form meinen reichen Erfahrungsschatz ein. Schöpfen Sie aus diesem Goldschatz an Wissen.

Vergessen Sie also alles, was Ihnen Angst einjagen könnte. Wir beginnen in diesem Buch bei »Adam und Eva« und beenden unsere Tour auf dem Gipfel des »Mount Everest«. Sie werden zwar am Ende kein »Extrembergsteiger« und auch kein »Top-Journalist« sein, aber Sie werden feststellen, dass Ihnen das Schreiben in vorgegebenen Schemata leichter fallen wird.

Im ersten Teil des Buches erkläre ich für den Einstieg kurz den Unterschied zwischen Public Relations und Werbung. Danach beschreibe ich, wie eine Nachricht aufgebaut ist und wie Sie schon beim Schreiben einer Pressemeldung Journalisten bei der Arbeit unterstützen können. Schreiben Sie so, wie die Presse schreibt. Und liefern Sie nur die Informationen, die wichtig sind. Ersparen Sie sich und dem Redakteur überflüssiges Geschwafel. Langweilen Sie ihn bloß nicht.

Bewusst habe ich darauf verzichtet zu tief in die PR-Fachsprache abzutauchen. Wenn doch, dann erkläre ich diese Begriffe nachfolgend in einfachen Worten. Dennoch ist dieses Buch kein »PR light«-Ratgeber. Im zweiten Teil des Buches gehe ich daher etwas genauer auf die Schlagworte der PR ein, damit Sie mitreden können, wenn es um »Storytelling« oder »Content Marketing« geht.

Sie können dieses Buch in einem Rutsch durcharbeiten oder sich einzelne Kapitel herauspicken. In meiner Kolumne schreibe ich auf meiner Website regelmäßig über PR-Themen. Schauen Sie mal vorbei, dann bleiben Sie auf dem Laufenden (www.ok-text.de).

Also, lassen Sie uns beginnen. Folgen Sie mir auf dem aufregenden Pfad des journalistischen Schreibens.

Düsseldorf, Mai 2016
Norbert Opfermann

* Zur besseren Lesbarkeit habe ich auf das Gender-Wort Teilnehmer*innen verzichtet. Die männliche Form schließt in diesem Buch die weibliche Form stets mit ein.

Grußwort

»Reden ist Silber, Schweigen ist Gold« – nach dieser Maxime haben HandwerksunternehmerInnen lange Zeit einen offensiven Umgang mit der Öffentlichkeit gescheut. Spätestens seit der flächendeckenden Imagekampagne »Das Handwerk. Die Wirtschaftsmacht. Von nebenan.« mit Ansagen wie »Am Anfang waren Himmel und Erde. Den ganzen Rest haben wir gemacht.« oder auch »Bei uns kommt es nicht darauf an, wo man herkommt. Sondern, wo man hinwill.« stellt der beschäftigungsstärkste Wirtschaftssektor ein offensiveres Kommunikationsklima unter Beweis. Auch jedes einzelne Handwerksunternehmen profitiert von einer professionellen, proaktiven Informationshaltung – nicht nur nach »draußen«.

Jedenfalls begreifen nach meiner Beobachtung noch viel zu wenige personen- oder inhabergeführte Handwerksunternehmen die Information und Ansprechbarkeit sowie speziell auch die **Kommunikation mit den Medien** als regelmäßigen Bestandteil der Betriebsführung. Eine Million Handwerksunternehmen: Es ist ein riesiger, brachliegender Markt da draußen, potente Mittelständler aus dem Handwerk mit spezialisierten, freiberuflichen Journalisten (Freelancer) oder Kommunikationsagenturen zusammenzubringen, die den Dornröschenschlaf beenden helfen könnten. Dieses Buch ist wie der Prinz, der Dornröschen wachküsst.

Düsseldorf, Mai 2016
Alexander Konrad
Leiter Kommunikation und Pressesprecher
Handwerkskammer Düsseldorf

1 Was sind Public Relations?

Erfolgreiche Unternehmen profitieren von einem guten Image und einem hohen Bekanntheitsgrad ihres Namens beziehungsweise ihrer Marke(n). Der Begriff »Public Relations« stammt aus dem angloamerikanischen Sprachraum. Wörtlich übersetzt heißt Public Relations (kurz: PR) »öffentliche Beziehungen«. Also sind gemäß dieser Definition unter PR alle Aktionen eines Unternehmens oder einer Organisation zu verstehen, die über Produkte, Aktionen, Unternehmens- und Organisationsziele aufklären und informieren wollen.

Public Relations sind ein Teil des Marketingmixes. In der folgenden Grafik sehen wir, dass man im Marketing zwischen Werbung und Public Relations unterscheidet. Über Werbung, das werden Sie kennen, erreichen Sie die Kunden über Anzeigen oder andere Werbemaßnahmen wie Plakate, Flyer, Handzettel, Werbung auf Fahrzeugen, Eintragung in Branchenverzeichnisse.

Bei den Public Relations gehen Sie den »Umweg« über einen Journalisten/eine Redaktion. Der Journalist schreibt einen Beitrag für die Zeitung, indem er Ihr Produkt/Unternehmen in einer Story vorstellt. Sie bleiben über den Artikel im Gedächtnis – und zwar positiver und länger als bei Werbung.

Wenn Sie es denn richtigmachen.

Was das Richtige, der Erfolg versprechende Weg ist, werden wir in den folgenden Kapiteln sehen.

Der Unterschied zwischen Werbung und Public Relations

Grafik: Werner Schramm, Krefeld

*In der Betriebswirtschaftslehre unterscheidet man zwischen Shareholdern (Anteilseigner) und Stakeholdern (Anspruchsgruppen). Die Gruppe der Stakeholder ist vielschichtig und umfasst zum Beispiel die Arbeitnehmer, Kunden und Lieferanten, den Staat und die Öffentlichkeit.

Quelle: Springer Gabler Verlag (Herausgeber), Gabler Wirtschaftslexikon, Stichwort: Stakeholder-Ansatz, online im Internet: URL: http://wirtschaftslexikon.gabler.de/Archiv/54861/stakeholder-ansatz-v6.html

1.1 Wann ist es Werbung, wann PR?

> »Wenn ein junger Mann ein Mädchen kennengelernt hat und ihr sagt, was für ein großartiger Kerl er ist, so ist das Reklame. Wenn er ihr sagt, wie reizend sie aussieht, dann ist das Werbung. Aber wenn das Mädchen sich für ihn entscheidet, weil sie von anderen gehört hat, was für ein feiner Kerl er wäre, dann ist das Public Relations.«

Heinrich Alwin Münchmeyer, deutscher Unternehmer (1908 – 1990)

Quelle:
URL:
http://www.zitate.de/autor/M%C3%BCnchmeyer%2C+Alwin

Werbung ist…

… eine zeitlich und räumlich begrenzte bezahlte Kommunikationsmaßnahme. Dafür kann der Auftraggeber den Inhalt ganz allein vollständig bestimmen.

Werbung funktioniert nach der **A I D A-Formel.** AIDA ist ein Werbewirkungs-Prinzip. Es wurde 1898 von Elmo Lewis in einem Verkäufermarkt beschrieben. Das Stufenmodell enthält vier Phasen, die Kunden durchlaufen sollen und die letztlich zu ihrer Kaufentscheidung führen sollen. Die vier Phasen werden als gleich wichtig angesehen und finden auch heute noch teilweise in Werbestrategien und Verkaufsgesprächen ihren Niederschlag. Der Name ist ein Kürzel, welches sich aus den Anfangsbuchstaben der einzelnen Phasen zusammensetzt:

A ttention / Aufmerksamkeit (das brauche ich)
I nterest /Interesse (sieht schick aus)
D esire / Wunsch (das muss ich haben)
A ction / Handeln (Kaufen)

Quelle: wikipedia

In der Praxis könnte das so aussehen: Das neue iPhone kommt auf den Markt, und viele wollen es als Erste haben.

Oder: Ein Kunde sieht ein besonders ausgefallenes Schmuckstück bei einem Goldschmied und möchte es unbedingt erwerben.

Öffentlichkeitsarbeit/PR...

... ist Management von Kommunikation (Definition der Deutschen Public Relations Gesellschaft DPRG).

Das heißt also demnach, die klassische Kernkompetenz von Kommunikationsexperten ist es, Kontakte zu knüpfen und zu pflegen.

Tue Gutes und rede darüber.

Diese PR-Weisheit beschreibt die Kunst, die richtigen Worte zu den richtigen Themen zum passenden Zeitpunkt zu finden.

PR sind…

… langfristig angelegt und erzielen über den »Umweg« der Nachricht über Journalisten und damit den redaktionellen Teil eines Mediums eine andere Wirkung bei den Zielgruppen als Werbung.

Daraus folgt: PR steigert die Glaubwürdigkeit der Information.

Zunehmend geschieht das Adressieren an die Stakeholder auch ohne Umweg online übers Internet über öffentliche Communitys und die Social Media. Mehr dazu in späteren Kapiteln.

1.2 Überredung contra Überzeugung

Nach Kant ist eine Überzeugung ein *Fürwahrhalten,* das auf objektiven Gründen beruht »wenn es für jedermann gültig ist, sofern er nur Vernunft hat«.

Einfach ausgedrückt: Überzeugen Sie jemanden mit einer glaubwürdigen Information, dann müssen Sie ihn nicht lange überreden.

Der Weg über die PR kann viel nachhaltiger sein als bei der Werbung, wie die nachfolgende Grafik zeigt.

Nachhaltigkeit von Werbung und Public Relations

	Werbung	Public Relations
Laufzeit der Kommunikation	kurzfristig	langfristig
Verlauf der Kommunikation	vereinzelt	fortwährend
Erwartete Reaktion	schnell	langsam
Kommunikatives Feedback	nein	ja

1.3 Wiederholbarkeit von Werbung und PR

Werbung ist wiederholt (episodisch) möglich.

Anzeigen können nochmals geschaltet werden.

Eine PR-Aktion kann nicht wiederholt werden.
Sie hat einen positiven Nachklang oder nicht.

Nicht nur einen Ballon aufsteigen lassen.

Oder: Nicht nur eine Rakete zünden, sondern nach und nach ein ganzes Feuerwerk.

Oder: Nicht nur einen Zug auf die Reise schicken, sondern eine neue regelmäßige Zugverbindung schaffen.

1.4 PR kann Werbung flankieren

Der Werbetexter sagt: »Persil wäscht so weiß, weißer geht's nicht.«

In der PR-Sprache heißt das dann:

Persil wäscht deshalb so weiß, weil…
Das Ergebnis jahrelanger Forschung ist…
Jetzt ist es unseren Chemikern gelungen, ein phosphatfreies Waschmittel herzustellen.

Statt plakativer Sprüche verständliche und glaubwürdige Wissensvermittlung.

Die vier »Vs« der PR:

1. Verständigung
2. Verstehen
3. Verständnis
4. Vertrauen

Merke:

PR sind:

langfristig angelegt und erzielen durch den Umweg der Nachricht über den Journalisten und damit den redaktionellen Teil eines Mediums eine andere Wirkung bei den Zielgruppen als bezahlte Werbung im Anzeigenteil.

Dadurch **erhöht sich die Glaubwürdigkeit** der Information.

Werbung verpufft oft. Bei Public Relations erhalten Sie im Gegensatz zur Werbung eine kommunikative Rückkoppelung beziehungsweise ein Feedback:

- Sehr oft werden Sie von Ihren Bekannten und Kunden auf den Artikel angesprochen.
- Idealerweise finden neue Kunden den Weg zu Ihnen.
- Möglicherweise stärken Sie das Image einer ganzen Branche/Innung beziehungsweise eines Berufszweigs (zum Beispiel durch die Imagekampagne des Handwerks).

Fazit

Letztlich sind unter PR alle Aktionen zu verstehen, die über den Weg der glaubwürdigen Informationsvermittlung Vertrauen aufbauen.

2 Wie ticken Journalisten?

Um erfolgreich unsere Pressemeldung zu platzieren, müssen wir zunächst einmal Grundsätzliches über die Arbeitsweise von Journalisten wissen. Als Handwerker etwa verdienen Sie Ihr Geld durch Ihrer Hände Arbeit, legen neue Dächer, streichen Wände oder bauen Häuser; aber man kann sein Geld auch am Schreibtisch verdienen – früher mit der Feder, später mit der Schreibmaschine, und heute am PC oder Laptop.

Ein Journalist ist jemand, der hauptberuflich an der Verbreitung von Informationen, Meinungen und Unterhaltung durch Massenmedien beteiligt ist. So steht es in Wikipedia. Dies ist ganz unabhängig von dem Medium, seien es Printmedien (Zeitungen, Magazine), Online-Medien im Internet oder Radio und TV.

2.1 Wie sieht der Arbeitsalltag bei Journalisten aus?

Die Erscheinungsweise eines Mediums bestimmt wesentlich die Abläufe einer Redaktion. Zeitungsredaktionen zum Beispiel haben einen am Tag orientierten Produktionsablauf: Am Vormittag wird das einlaufende Material sortiert, in Konferenzen werden Themen besprochen und vergeben, die ersten Recherchen laufen an. Erst am Nachmittag wird geschrieben und layoutet. Die letzten Beiträge werden kurz vor Redaktionsschluss am Abend fertig.

Ganz anders müssen Online-Redaktionen ihren Produktionsablauf organisieren: Sie haben weder Redaktionsschluss noch Sendetermin; die Nutzer erwarten eine permanente Aktualisierung der Nachrichten. Größere Themen wandern von einem Texter in die Hand eines anderen: Eine neue Schicht übernimmt die Geschichte und schreibt sie aufgrund der aktuellen Lage um und weiter.

Nicht nur technische Innovationen, auch neue gesellschaftliche und ökonomische Rahmenbedingungen zwingen Redaktionen zu Umstrukturierungen. Zwei neue Begriffe spielen in modernen Redaktionen eine wesentliche Rolle: Der *Newsdesk* ist eine Koordinations- und Produktionszentrale. Der *Newsroom* ist ein Großraumbüro, das architektonisch neue redaktionelle Konzepte des ressort- und medienübergreifenden Planens und Arbeitens unterstützt.

In manchen Medienhäusern ist mit dem Newsdesk ein zentraler Arbeitsbereich gemeint, an dem ein Dutzend Redakteure verschiedener Ressorts gemeinsam produzieren und verschiedene Medien bedienen, wie beispielsweise bei der *Braunschweiger Zeitung* und der *Rheinischen Post*. Ein anderes Konzept sieht einen gemeinsamen Newsdesk für mehrere Lokalredaktionen vor wie bei der *Mainpost* und beim *Südkurier*. In anderen Redaktionen wurde ein großer gemeinsamer Newsroom für 30, 50 oder gar 100 Journalisten geschaffen (*Austria Presse Agentur APA, Saarländischer Rundfunk, Frankfurter Rundschau*).

Quelle: URL http://www.bpb.de/izpb/7527/wer-journalisten-sind-und-wie-sie-arbeiten?p=all.

2.2 Der Tagesablauf in einer Lokalredaktion

Der Arbeitstag von Redakteuren bei lokalen Tageszeitungen, Ihrer Haupt-Zielgruppe als mittelständischer Unternehmer, beginnt meistens morgens gegen 9.30 Uhr mit der Durchsicht der Post, dem Checken der E-Mails, ersten Terminen und Recherchen. Im Lauf des Vormittags oder frühen Nachmittags sind Redaktionskonferenzen zur Themenfindung. Lokaljournalisten nehmen oft mehrere Termine am Tag wahr. Freie Mitarbeiter werden häufig zu Terminen am Abend und Wochenenden geschickt; es sei denn, es handelt sich um einen wichtigen Neujahrsempfang, eine Ehrung oder einen Termin mit einem wichtigen Politiker.

In Pressestellen sollte ein Pressesprecher in der Zeit von 9 Uhr bis 17.30 Uhr für Rückfragen der Presse erreichbar sein oder sein Telefon auf das Mobiltelefon umleiten. Bei Konzernen, Verkehrsunternehmen und Behörden gibt es auch eine Rufbereitschaft rund um die Uhr.

Generell stehen Journalisten unter **Arbeitsdruck und Stress**, Redakteure von Tageszeitungen müssen schließlich täglich eine Ausgabe produzieren.

Aber auch Redakteure von Wochen- oder Monatsmagazinen haben kaum mehr Muße. Texte entstehen nicht aus dem Effeff, jeder Text braucht Zeit für die Recherche und eine Reifezeit.

Aus der Sicht des Journalisten sind Sie im Grunde genommen zunächst erst einmal ein weiterer *Zeitdieb*.

Aus diesem Grund müssen Sie sich interessant machen.

Sie kennen das doch vom ersten Rendezvous, zu dem Sie sich besonders herausgeputzt haben, oder vom Bankgespräch, um einen neuen Kredit zu erhalten.

Da haben Sie sich doch auch entsprechend vorbereitet, um Ihr Gegenüber für sich und Ihr Anliegen zu gewinnen.

Nur, wenn es Ihnen gelingt, Andere für ein Thema zu begeistern, hat Ihre Nachricht eine Chance!

Zeigen Sie den Nutzen Ihres Produkts/Ihrer Dienstleistung!
Damit helfen Sie dem Journalisten bei seiner Arbeit und stehlen ihm nicht seine ohnehin knapp bemessene Zeit.

Jeder Journalist benötigt Informationen, um für seine Leser interessante Geschichten schreiben zu können.

Das ist Ihre Chance: Begeistern Sie die Presse für Ihre Informationen.

2.3 Die wichtigsten Nachrichtenfaktoren

Die **Kriterien**, nach denen Journalisten auswählen, sind:

- Aktualität, Neuigkeit
- Nähe und Bezug des Geschehens (All business is local.)
- Tragweite
- Prominenz (Boris Beckers Biografie)
- Dramatik (Rettung aus den Hochwasserfluten)
- Kuriosität (Tamagochi oder Zauberwürfel, Holzwürmer in der U-Bahn)
- Fortschritt (Technologiesprung)
- Gefühle (Herz-Schmerz-Geschichten)
- Öffentliche Bedeutung des Ereignisses (Neueröffnung, Firmenjubiläum, Preisverleihung)

Quelle: wikipedia

Lokalzeitungen setzen auf »Nähe«, große Boulevardzeitungen dagegen eher auf »Überraschung, Dramatik, Gefühl (Sex), Prominenz und Exklusivität«.

Der Journalist versteht sich als Gatekeeper (Torwächter). Er entscheidet innerhalb von Sekunden, ob eine Information für die Leser des Blattes von allgemeinen Interesse ist. Informationsquellen sind für den Journalisten alle Medien (Print, Internet, TV, Radio, Agenturmeldungen) und viele, viele Pressemeldungen, die auf seinem Tisch beziehungsweise in seinem E-Mail-Postfach landen.

Ist der Inhalt einer Pressemeldung (oder Presse-Information) für ihn nicht sofort, eindeutig und klar erfassbar, landet die Pressemeldung in der Ablage P wie Papierkorb. Und da wollen Sie ja nicht landen!

Merke:

Journalisten stehen im Allgemeinen immer unter Termindruck.
Vor Redaktionsschluss und kurz vor dem Drucktermin ganz besonders.

Der Drucktermin hat oberste Priorität.

Informationen müssen für die Allgemeinheit interessant sein.

Bremsen Holzwürmer die U-Bahn aus?

Nein, das ist kein verfrühter Aprilscherz. In der neuen U-Bahn ist schon der Wurm drin. Genauer gesagt: Die neue Wehrhahnlinie ist von Holzwürmern befallen. Rund 400 neu verlegte Schwellen, das sind etwa zehn Prozent aller verlegten Schwellen, müssen jetzt ausgetauscht werden.

Rheinbahn-Sprecher Georg Schumacher beruhigte heute Morgen aber in einem Statement über Antenne Düsseldorf: Die geplante Eröffnung am 20. Februar 2016 sei nicht in Gefahr. Heute konnten die Besucher beim letzten Tag der offenen Tür auf der Wehrhahnlinie selbst sehen, was es mit dem Holzwurmbefall auf sich hat. Da waren doch einige Holzschwellen mit roten Kreuzen markiert, und wenn man genau hinsah konnte man auch typische Holzwurmlöcher erkennen.

Kann man nur hoffen, dass sich die Schädlinge nicht weiter ausbreiten. Die Ursache für den Schädlingsbefall liegt nach Ansicht des Rheinbahn-Sprechers in falscher Lagerung und fehlerhafter Imprägnierung der Schwellen. Verantwortlich dafür sei der Lieferant der Holzschwellen. Beim Einbau hatte man offensichtlich die winzigen Bohrlöcher übersehen.

Mal sehen, ob der Termin gehalten werden kann oder ob die gefräßigen Würmer die U-Bahn-Bauer nicht doch noch auf den letzten Metern ausbremsen.

Quelle:
Mein Beitrag vom 12.12.2015,
URL: http://www.lokalkompass.de/duesseldorf/natur/bremsen-holzwuermer-die-u-bahn-aus-d608038.html

3 Keine Angst – Journalisten sind auch nur Menschen

Für den Kontakt können Sie natürlich die E-Mail nutzen, aber nichts geht über einen persönlichen Kontakt. Ihren Ansprechpartner finden Sie im Impressum der Zeitung oder auf der Website. Im Zweifel lassen Sie sich über die Telefonzentrale mit dem zuständigen Redakteur (Lokales, Wirtschaft, Politik, etc.) oder mit dem Chef vom Dienst (CvD) verbinden.

3.1 Der erste Schritt

In der Regel werden Sie es mit lokalen Medien zu tun haben. Suchen Sie den richtigen Ansprechpartner (Fachressort oder freier Journalist – den freien Journalisten finden Sie als Autor eines Beitrags; steht er nicht im Impressum, googlen Sie einfach mal nach seinem Namen).

Gerade für den Erstkontakt benötigen Sie einen echten Nutzwertaspekt.

Wenn Sie nichts zu sagen haben, was auch Andere interessieren könnte, lassen Sie es besser bleiben.

Als Handwerker können Sie bei der Kreishandwerkerschaft erfragen, beim Geschäftsführer der eigenen Innung oder bei der Pressestelle der Handwerkskammer, wer in welchen Lokalredaktionen auf das lokale Wirtschaftsgeschehen spezialisiert ist. Dort gibt es aktuelle Presseverteiler.

Als Mitglied einer IHK oder eines Verbandes können Sie auch dort die Pressestelle ansprechen.

Für den Anfang reicht es, wenn Sie sich einen Presseverteiler mit einer EXCEL-Tabelle erstellen. Denken Sie daran, den Verteiler aktuell zu halten: Oft wechseln Redakteure das Ressort, dann und wann das Medium oder den Ort.

3.2 Die Kontaktaufnahme

Berücksichtigen Sie die Arbeitsabläufe in der Redaktion.

Ideal: vor und nach der Mittagszeit (nicht vor 10 Uhr morgens).

Am späten Nachmittag beginnt bereits die Produktion der neuen Ausgabe der Tageszeitung.

Bei den Journalisten werden Sie daher um diese Zeit nur wenig Gehör finden.

Stellen Sie sich kurz vor und kommen Sie dann zum Thema und Grund Ihres Anrufs.

Der Anruf ist nur ein erster Schritt.

Vereinbaren Sie einen Termin oder bieten Sie Zusatzinformationen an (per Mail).

3.3 Tipps für Gespräche mit Journalisten

Führen Sie das Gespräch wie ein Verkaufsgespräch.

Behandeln Sie Journalisten wie Ihren besten Kunden.

Bedienen Sie den Journalisten gut und schnell, wird er häufiger von sich aus bei Ihnen anrufen.

So nicht!

Oder: Der beste Weg Journalisten, zu vergraulen.

- Fragen Sie nach, ob der Journalist Ihre Pressemeldung bekommen hat.
- Fallen Sie mit der Tür ins Haus, besonders ohne telefonische Absprache. Redaktionsbesuche bieten sich nämlich nur an, wenn Sie wirklich einen Knüller zu verkaufen haben.
- Lassen Sie den Journalisten bei der Recherche warten, hängen.
- Müllen Sie ihn mit langweiligen Texten und Themen zu.
- Versprechen Sie Fotos, und senden Sie dann nur schlechtes Material in zu geringer Auflösung. (Wenn Ihre Meldung interessant ist, wird der Redakteur einen Fotografen beauftragen – nur das muss er rechtzeitig wissen, um den Einsatz planen zu können).
- Nerven Sie ihn mit der Frage, wann denn endlich mal ein Artikel erscheint.
- Seien Sie ***nur*** ein weiterer Zeitdieb.

3.4 Wenn es nicht geklappt hat

Wenn Ihr Angebot nicht für veröffentlichungswürdig gehalten wird, hilft die geknüpfte Bekanntschaft um nachzufragen, warum nicht. Wohlgemerkt **nachfragen,** nicht nachkarten. Im Einzelfall, nicht wiederholt.

Fragen Sie, was gefehlt hat, damit Sie es beim nächsten Mal besser machen können.

Manchmal haben die Ereignisse den Redaktionsplan über den Haufen geworfen oder der Artikel wurde aus Platzmangel gestrichen. Oder andere Ereignisse waren wichtiger.

Das ist nicht böse Absicht, sondern das tägliche Geschäft der Journalisten.

Denken Sie auch mal über Content Marketing und Social Media nach (mehr dazu in späteren Kapiteln). Auf Facebook oder Youtube können Sie Ihre eigene PR machen.

Aber: Auch das muss gut gemacht sein.

4 Wie schreiben Journalisten?

Um zu verstehen, wie Sie Journalisten bei der Arbeit helfen können, indem Sie ihnen mundgerechte Unterlagen vorbereiten, müssen wir zunächst die journalistische Schreibe verstehen.

Es gibt verschiedene journalistische Darstellungformen, aber die wichtigste für uns ist hier die Nachricht. Schon die Bibel wird als »die gute Nachricht« bezeichnet. Die gute Nachricht ist die »frohe Botschaft« von Jesus Christus. Und in der Tat ähneln Nachrichten Geschichten, denn sie erzählen Geschichten über Menschen, Unternehmen, Orte, etc.

Früher nannte man Journalisten »Novellisten«, da sie in den Wirtshäusern und Märkten ihre Nachrichten und Zeitungen verkauften. Weil es damals noch kein Telefon und Internet gab, brauchte eine Nachricht aus Italien schon mal eine Zeit, bis sie in Deutschland ankam. Brühwarm waren die Nachrichten damals also nicht. Gute Geschichtenerzähler waren auch die Henker, denn sie kamen weit herum. Das Wort Nachricht kommt ursprünglich von »Nachrichten«, denn der Henker vollstreckte ja das Todesurteil nach dem Gerichtsspruch – war also der »Nachrichter«.

Mit der Erfindung der Telegrafie entwickelte sich auch das Nachrichtenwesen und die großen Nachrichtenagenturen wie Reuters schufen ein Schema, nach dem Journalisten bis heute Nachrichten schreiben. Da früher die Nachrichtenverbindungen noch sehr unsicher waren – man denke nur daran, dass das erste unterseeische Atlantikkabel nur wenige Sekunden funktionierte, oder militärische Meldungen Vorrang vor privaten Meldungen hatten – musste das Wichtigste der Nachricht bereits in den ersten Sätzen stehen.

Aufgrund dieses regelhaften Aufbaus einer Nachricht spricht man auch von der »umgekehrten Pyramide«. Das Wichtigste steht am Anfang und kann bei Bedarf von hinten weg gekürzt werden.

Der **erste Abschnitt** nach der Überschrift wird auf Englisch als Lead/Vorspann bezeichnet. In diesem Abschnitt sollen idealerweise bereits alle wichtigen Informationen stehen.

Dann folgt im **Hauptteil** die »Story« mit wichtigen Fakten und interessanten Details.

Im **Schlussteil** kommen weniger bedeutende Details, die gegebenenfalls weggekürzt werden können.

Aufbau einer Nachricht

- Vorspann/Lead
- Hauptteil/Story
- Schluss

Die umgekehrte Pyramide

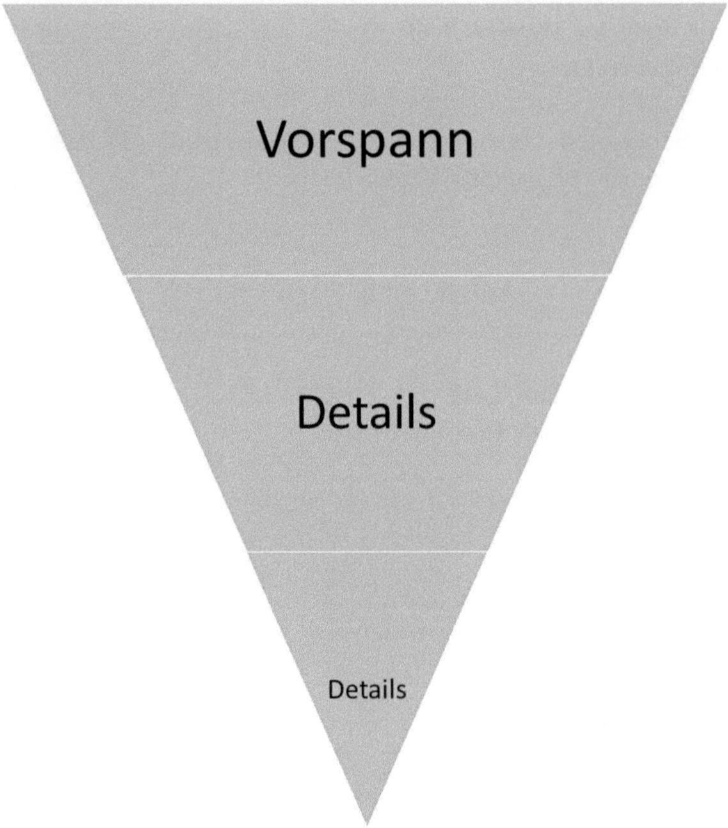

Am Ende werden die Details immer weniger wichtig. Deshalb müssen Sie schon alle wichtigen Informationen in den Vorspann packen.

Dieser Nachrichtenaufbau entspricht dem natürlichen menschlichen Informationsbedürfnis.

4.1 Journalistisches Schreiben

Schreiben Sie in einfachen Worten und Sätzen. »Schreiben Sie so, dass es 13-Jährige verstehen«, lautete der Rat eines meiner Dozenten. Gehen Sie immer davon aus, dass Ihre Leser nicht Ihr Fachwissen haben. Überfordern Sie sie nicht mit Informationen. Denken Sie an den Satz meines Dozenten: Leser sind wie Schüler, sie lernen durch das Lesen immer wieder etwas dazu.

Und so wollen wir uns das journalistische Schreiben mal an einem ganz einfachen Beispiel anschauen.

Nehmen wir mal die ersten Sätze aus der Bibel:

»Im Anfang schuf Gott Himmel und Erde.«

Quelle: Das Buch Genesis, URL https://www.die-bibel.de/online-bibeln/einheitsuebersetzung/bibeltext

Welche Fragen könnten wir uns da stellen?

(Die Frage, ob es Gott gibt oder nicht, lassen wir hier mal außen vor. Ob sie gläubig sind oder nicht, oder ob Sie Anhänger einer anderen Religion sind, spielt in diesem Zusammenhang keine Rolle. Betrachten wir die Bibel nur als eine Quelle).

Unsere Fragen lauten also:
Wer hat **was wann wo wie** und **warum** getan?

Wer? Gott
Was? schuf Himmel und Erde
Wann? Im Anfang.
Wo? Über dem Wasser (In der Bibel heißt es in den folgenden Sätzen dazu: »Die Erde aber war wüst und wirr, Finsternis lag über der Urflut und Gottes Geist schwebte über dem Wasser.«
Warum? Die Erde war wüst und wirr, Finsternis lag über der Urflut.

Wie? Mit den Worten: »Gott sprach: Es werde Licht.«
Welche Quelle? Der Pressesprecher Gottes sagte.

Wie könnte dann unser Einstieg lauten?

Im Anfang schuf Gott über dem Wasser schwebend Himmel und Erde. Der Pressesprecher (Gottes) Petrus erklärte dazu: »Dies tat er mit den magischen Worten: Es werde Licht. Vorher war ihm die Erde zu finster, zu wüst und zu wirr.«

4.2 Die W-Fragen

Folgende Fragen werden in einer Nachricht immer zuerst beantwortet:

- *Wer* wurde betroffen, war daran beteiligt, sagte…?
- *Was* ist passiert?
- *Wann* ist das passiert?
- *Wo* ist das passiert?
- *Wie* trug sich das alles zu?
- *Warum* ist das passiert?
- (*Welche Quelle? Woher* stammt die Nachricht?)

Quelle: URL http://www.bpb.de/izpb/7527/wer-journalisten-sind-und-wie-sie-arbeiten?p=all

Oder anders ausgedrückt:

Die Inhalte einer Nachricht ähneln also sehr denen eines Notrufs.

Weitere W-Fragen können sein (insbesondere, wenn Sie etwas produzieren):

- Wozu?
- Für wen?
- Wie teuer?
- Wann verfügbar?

Jetzt wissen Sie also, auf welche Fragen Ihre Pressemeldung **Antworten** geben muss.

Das gilt auch für die telefonische Ansprache. Auch hier sollten Sie sich schon einige Sätze überlegt haben.

5 Die Pressemeldung

Was erwartet die Presse von einer Pressemeldung?

Ihr Ziel: Die Pressemeldung (oder Presse-Information) soll in möglichst vielen Publikationen abgedruckt werden, Sie möchten im Idealfall möglichst den einen oder anderen Journalisten zu weitergehenden Recherchen in Ihrem Unternehmen begrüßen.

Der Journalist muss aus der Pressemeldung eine Geschichte/Story schreiben können.

Schreiben Sie auf, was für den Leser neu ist.

5.1 Anlässe für Pressemeldungen

- Personalie (neuer Vorstandschef, Firmenübergabe)
- Meldung Wirtschaft: Quartalszahlen, Bilanz, Jahreshauptversammlung
- Meldung über ein Produkt: Neuentwicklung, Nutzen, Vorteile
- Joint Ventures, Fusionen, Übernahmen
- Meldung über ein (neues) Dienstleistungsangebot
- Veranstaltungen, Messen, Seminare

5.2 Der Aufbau einer Pressemeldung

- Überschrift (siehe hierzu auch das nächste Kapitel)
  Sie können die Überschrift um **Dachzeile** und/oder **Unterzeile** ergänzen.
  Eine Ortsangabe als Dachzeile macht Sinn, wenn Ihr Unternehmen mehrere Standorte hat.
- Der erste Abschnitt nach der Überschrift wird als **Vorspann** bezeichnet.
  Der Vorspann beantwortet die klassischen W-Fragen.
- Dann folgt der **erste Absatz**.
- Weitere Absätze mit Details/Einzelheiten und zum Beispiel einem Zitat zum Thema folgen.
- Die Pressemeldung muss von hinten kürzbar sein.

Stellen Sie ans Ende jeder Pressemeldung ein Kurzportrait (auch »Abbinder« genannt) Ihres Unternehmens in einer Länge von etwa 700 Zeichen. Der Abbinder wird meist in einer ein bis zwei Punkt kleineren Schriftgröße (meist 10 Punkt) als der übrige Text der Pressemeldung gedruckt.

5.3 Die Überschrift

Der Titel sollte ein Hingucker sein. Er soll neugierig oder stutzig machen. Im Idealfall zieht die Überschrift den Leser in den Text hinein.

Der Originaltitel von Robinson Crusoe aus dem 18. Jahrhundert lautete noch:

»The Life and Strange Surprizing Adventures of Robinson Crusoe of York, Mariner: Who lived Eight and Twenty Years, all alone in an un-inhabited Island on the Coast of America, near the Mouth of the Great River of Oroonoque; Having been cast on Shore by Shipwreck, wherein all the Men perished but himself. With An Account how he was at last as strangely deliver'd by Pirates. Written by Himself.«
Auf deutsch: Das Leben und die seltsamen überraschenden Abenteuer des Robinson Crusoe aus York, Seemann, der 28 Jahre allein auf einer unbewohnten Insel an der Küste von Amerika lebte, in der Nähe der Mündung des großen Flusses Orinoco; durch einen Schiffbruch an Land gespült, bei dem alle außer ihm ums Leben kamen. Mit einer Aufzeichnung, wie er endlich seltsam durch Piraten befreit wurde. Geschrieben von ihm selbst.

Quelle: wikipedia

Seit etwa 200 Jahren sind die Titel eher kurz:
»Die Bremer Stadtmusikanten« oder »Hans im Glück«

Die beste Überschrift?

Fällt Ihnen garantiert ganz zuletzt ein.

Beispiel für eine Überschrift

(Dachzeile) Leipzig
(Überschrift) „Warme Übergabe" gelungen
(Unterzeile) Die Theodor-Körner-Kaserne konnte bereits vor dem Auszug der Bundeswehr verkauft werden.

Quelle:
Pressemeldung der Bundesanstalt für Immobilienaufgaben, URL http://www.bundesimmobilien.de

5.4 Der erste Absatz

Der erste Absatz ist so etwas wie eine Menükarte. Zuerst kommt die Vorspeise. Wenn Ihnen diese nicht schmeckt, werden Sie sich kaum auf das Hauptgericht freuen.

Oder denken Sie an einen Tatort-Krimi. Am Anfang geschieht ein Mord und Sie lernen verschiedene Personen kennen, unter denen sich der Täter verbirgt.

Anders als beim Krimi können Sie aber den Schluss eines Artikels beim Lesen auslassen. Alle wichtigen Informationen sollten – wie wir das von der umgekehrten Pyramide bereits kennen – im ersten Absatz stehen. Bei einem Drei-Gänge-Menü können Sie ja auch das Dessert auslassen, wenn die Hauptspeise reichlich war und Ihnen köstlich geschmeckt hat.

5.5 Das Kurzportrait

Das Kurzportrait oder der Abbinder stehen am Ende der Pressemeldung.

- Was macht die Firma?
- Gründungsdatum
- Mitarbeiterzahl, Kundenstruktur, Firmensitz
- Link zur Website
- Ansprechpartner mit Kontaktdaten für Nachfragen nennen.

Vermeiden Sie Übertreibungen, die Ihnen eh keiner glaubt. Der Beste, der Schönste, der Erfolgreichste sind die anderen schon lange. Überzeugen Sie mit Sachlichkeit und relevanten Informationen.

5.6 Das Layout

- Pressemeldung (groß und deutlich als Titel)
- Zeilenabstand 1,5 im Block- oder Flattersatz (linksbündig)
- Rechten Rand lassen (5 bis 7 cm)
- Maximal 1 bis 1,5 Seiten (längere Pressemeldungen sind furchtbar zu lesen)
- Zwischenüberschriften
- Vorspann fett

Verwenden Sie als Schrift am besten eine Standardschrift wie **Arial** oder **Helvetica**, die in jedem WORD-Programm standardmäßig installiert ist. Als Schriftgröße für den Text wählen Sie 11 Punkt, höchstens 12 Punkt.

Nachfolgend ein Blanko-Muster für eine Pressemeldung.

PRESSEMELDUNG

Firmenname

Datum
Dachzeile
Überschrift (etwa 16 pt)

(Ort.) **Hier beginnt der VORSPANN (11 pt). In diesem Abschnitt müssen Sie schon alle W-Fragen beantwortet haben. Aus Überschrift und Vorspann muss der gesamte Inhalt der Pressemeldung erkennbar sein. Nur so wecken Sie Interesse.**

Jetzt folgen die Details.
Im ersten Abschnitt stehen die wichtigsten Aussagen.

Zwischenüberschriften dienen der Lesbarkeit
In den folgenden Abschnitten stehen zusätzliche Informationen. Steht dem Redakteur nur geringer Platz in der Zeitung zu, wird er hier kürzen.
Sie werden wahrscheinlich sagen: Schade, um die Mühe, wenn der das trotzdem nicht übernimmt. Aber Sie sollten dem Journalisten so viele nützliche Informationen wie möglich bieten.
Aber: Werbliche Aussagen haben in einer Pressemeldung nichts zu suchen. (Unser neues Super-Produkt von der Super-Firma – NEIN, so nicht!)
Am Schluss vollständige **Kontaktadresse** für die Presse.
Eine Pressemeldung sollte in der Regel nicht mehr als 1,5 Seiten umfassen. Wenn der Journalist mehr wissen will, wird er sich bei Ihnen melden.

So sieht das dann beispielsweise aus:

Pressemeldung

20.März 2016

SHK-Freisprechungsfeier mit Wolfgang Bosbach

Düsseldorf. **Am 20. März feierte die Innung Sanitär Heizung Klima Düsseldorf traditionell das Ende der Lehrzeit und die erfolgreichen Prüfungen mit ihren Jungesellinnen und Junggesellen des SHK-Handwerks in der Handwerkskammer Düsseldorf. Gastredner der Veranstaltung war in diesem Jahr der Bundestagsabgeordnete Wolfgang Bosbach.**

Insgesamt haben 54 Lehrlinge ihre Prüfung bestanden, darunter zwei Gesellinnen. Anna Küper und Jacqueline Reimers haben beide ihre Ausbildung im Betrieb Dipl.-Ing. Georg Schulhoff GmbH & Co. KG gemacht. Innungs-Obermeister Hans Joachim Hering sprach in seiner Rede die Themen Flüchtlinge und deren Integrationsfähigkeit für das SHK-Handwerk, die Nachwuchsgewinnung und die Qualifikationssteigerung der Betriebe vor dem Hintergrund einer immer komplexeren SHK-Welt an. Das Handwerk könne Integration, weil es betriebliche Wirklichkeit sei. Hering mahnte insbesondere an, dass die Landesregierung für Sprachunterricht der Flüchtlinge sorgen müsse. Wirtschaftlich gesehen gehe es der technischen Gebäudeausrüstung in der Landeshauptstadt gut. Allerdings werde bei der Energiewende zu viel Gewicht auf die Stromseite gelegt. Er forderte eine steuerliche Begünstigung zur Erneuerung von Wärmeanlagen.

Angesichts der aktuellen Diskussion um den Ausbau der Fernwärme warnte er vor neuen Kartellen. „Der Verbraucher kann nicht frei entscheiden, wenn er Anschlusszwängen und noch Anschlusssubventionen ausgesetzt ist. Wir halten mehr von einer dezentralen Energieversorgung", sagte Hering. Zusammen mit den Stadtwerken werde demnächst ein neues Internetportal an den Start gehen, um den Verkauf von Wärmeanlagen zu fördern.
Wolfgang Bosbach lobte die duale Ausbildung als Erfolgsmodell und den Meisterbrief als gelebten Verbraucherschutz. Der rasante Wandel der Welt mit großen Herausforderungen in kurzer Zeit erfordere ein permanentes Lernen. Vor uns liege eine interessante Zukunft mit einer goldenen Zukunft fürs Handwerk. „Die besten Investitionen sind die in die Köpfe unserer Kinder", so Bosbach.

Hier folgen die Kontaktdaten.

Quelle: Pressemeldung der Innung Sanitär Heizung Klima, Düsseldorf

Merke:

Versenden Sie nie Massenmails mit allen Adressen von den Personen, die Sie angeschrieben haben. Es gibt da ja die schöne CC-Funktion des E-Mail-Programms.

Profis versenden aber die Pressemeldung an sich selbst und an die anderen Adressaten als **BCC** (Blindkopie). So sehen die Anderen nicht, wen Sie noch mit der Pressemeldung bedacht haben.

Manchmal kann es Sinn machen, die Pressemeldung mit einer Sperrfrist zu versehen – etwa wenn die Preisträger einer Veranstaltung feststehen, aber nicht vor dem Ende der Preisverleihung (zum Beispiel: Unternehmer des Jahres, Bambi-Verleihung) genannt werden dürfen.

Sie schreiben dann am besten fett gedruckt (damit es ja keiner übersieht):

Sperrfrist: frei ab Dienstag, 15.05.xxxx, 16:00 Uhr

Nachrichten-Check

Beachten Sie Folgendes:

Neu ist neu und neuer, also die News!

- Schreiben Sie, was neu ist für die Leser.
- In der Kürze liegt die Würze.
- Liefern Sie den Lesern die Neuigkeit sofort.
- Schreiben Sie klar und verständlich.
- Nennen Sie alle Personen mit ihrem Vor- und Zunamen und dem vollständigen Titel/ Berufsbezeichnung/Funktion.
- Menschen, Geschichten, Beispiele, Zitate.

Lehrling des Monats November 2015

Angehende Hörgeräteakustikerin in Oberhausener Lehrbetrieb ausgezeichnet

Als „Lehrling des Monats" November ist in Oberhausen die angehende Hörgeräteakustikerin **Lena Apelmeier** von Kammerpräsident **Andreas Ehlert** und Kreishandwerksmeister **Jörg Bischoff** ausgezeichnet worden. Im Ausbildungsbetrieb, der Firma Königshardter Hörgenuss, erhielt sie eine Urkunde sowie eine limitierte „Ice-Watch-Uhr" in den blauroten Farben der Handwerkskampagne.
[...]

Die **Handwerkskammer Düsseldorf** und die **zwölf Kreishandwerkerschaften im Kammerbezirk** stellen regelmäßig die besten Nachwuchskräfte in allen Kreisen und kreisfreien Städten des Kammerbezirks (Regierungsbezirks) unter dem Titel **Lehrling des Monats** der Öffentlichkeit vor. „Um unsere Wertschätzung für tolle Leistungen und außerordentliches Engagement auszudrücken und der Schülergeneration ein Signal zu senden, wie vielfältig und attraktiv der Ausbildungsweg in unseren 130 Lehrberufen ist", begründete Andreas Ehlert die Leuchtturm-Initiative der nordrheinischen Handwerksorganisationen. Und Jörg Bischoff ergänzte: „Solche Azubis sind Vorbilder, die persönlich überzeugen und zur Nachahmung anregen." Denn wer könnte bei jungen Leuten erfolgreicher für das Handwerk werben als eben junge Handwerker?

Das gilt im besonderen Maße für **Lena Apelmeier**, die Herausforderungen mit ihrer bemerkenswerten Einstellung meistert. „Offen sein für Neues", lautet ihre Devise – ob bei der Entscheidung, einen freiwilligen sozialen Dienst in Thailand zu absolvieren, oder den ersten Schritten im Berufsleben. Neben der Ausbildung gibt sie Reitunterricht für Kinder und engagiert sich im Bundesverband kleinwüchsiger Menschen. Seit August ist die angehende Hörgeräteakustikerin im zweiten Lehrjahr. Ihr Arbeitsfeld ist nach ihrer Aussage noch spannender geworden, sie betreut inzwischen auch selbständig „eigene" Kunden. Ein stets freundliches und professionelles Auftreten im Umgang mit den Kunden war von Anfang an ihre große Stärke. Ihre Kleinwüchsigkeit spielt übrigens im Berufsalltag kaum eine Rolle. „Lena Apelmeier ist ein Vorbild für alle Jugendlichen, die selbstbewusst ihren Weg gehen wollen", fasste Präsident Ehlert am Montag die Eindrücke bei der Ehrung im ausbildenden Betrieb zusammen.

Lob gab es auch für die Ausbilderin, Hörgeräteakustikermeisterin **Regina Fester**. Beim Thema Ausbildung sind eben alle Kräfte gefragt: vom Azubi selbst über den Betrieb, die Schule, das private Umfeld, die Innung, die Kreishandwerkerschaft, die Kammer. Vieles von dem, was in diesem Handwerk wichtig ist – freundliche Atmosphäre, Kundenorientierung, Gelassenheit – ist bei diesem tollen Team zu spüren. Da kann man nur sagen: weiter so!

Quelle: Handwerkskammer Düsseldorf

5.7 Aus Worten werden Texte

1. Verben, Verben, Verben: Verben sind die stärksten Wörter der deutschen Sprache. Bitte kein Behördendeutsch wie »Inkrafttreten« oder »Inbetriebnahme«. Besser: »Das Gesetz gilt ab« oder »Die neue Anlage produziert seit/ab...« oder »Die feierliche Eröffnung der ICE-Neubaustrecke zwischen Erfurt und Halle findet am 9. Dezember statt.«
2. Aktiv statt Passiv
   Nicht: »Einrahmung Petermann wurde 1820 gegründet.«
   Sondern: »Hans Petermann gründete unser Unternehmen vor 175 Jahren. Dieses Jubiläum wollen wir feiern mit vielen Aktionen wie…«
3. Weniger Adjektive (schneller, höher, weiter)
4. Weniger Füllwörter (eigentlich, jedenfalls, tatsächlich)
5. Keine Einschübe
6. Keine Bandwurmsätze (lieber zwei Sätze)
7. Zahlen von null (Null-Wachstum) bis zwölf werden grundsätzlich ausgeschrieben; außer bei Zahlenangaben wie Hausnummer, Datum, Preis.
   Aber:
   Bei barrierefreien Texten werden die Ziffern 0 bis 12 ausgeschrieben – das trifft auf Texte im Internet zu.

Achtung:
Datei-Anhänge in WORD (Endung: *.doc oder *.docx) sind wegen der Virengefahr unbeliebt. Ebenso machen PDFs zusätzliche Arbeit durch das Herauskopieren der Textabschnitte.

Tipp:

Schreiben Sie daher den Text direkt in die E-Mail.

Die Pressestelle der Stadt Düsseldorf (Amt für Kommunikation) verschickt die Pressemeldungen nur noch als Text-Mail. Ich empfinde diesen Service als sehr vorteilhaft, da man den Text einfach aus der Mail herauskopieren kann.

Im Anschluss verschickt das Presseamt dann häufig als zusätzlichen Service eine E-Mail mit einem Link zum Download von Fotos. Das wirkt sehr professionell. Die Kollegen verstehen ihr Handwerk: Kein Wunder, denn die Amtsleiterin Kerstin Jäckel-Engstfeld war vorher NRW-Chefreporterin Politik/Wirtschaft bei BILD WEST in Düsseldorf.

Außerdem verschickt die Pressestelle Tageszusammenfassungen und Wochenvorschauen.

Ganz am Ende der E-Mail können Sie noch einen Satz einfügen wie »Belegexemplar erbeten.« Oder »Wir freuen uns über ein Belegexemplar.«

Check für Texte

Beachten Sie Folgendes:

- Lange Texte werden am Bildschirm nicht gelesen.
- Lieber Kurzversionen als Appetitmacher und Link auf eine Webversion mit zusätzlichem Material und Fotos.
- Netiquette beachten (Anrede: Nicht »Hallo«, sondern »Sehr geehrte Frau x, sehr geehrter Herr y« – und am Schluss »Mit freundlichen Grüßen« oder »Freundliche Grüße«.)

Beispiel für eine Presse-E-Mail

Betreff: pld - Fliegerbombe am Flughafen wird entschärft

Sehr geehrte Damen und Herren,

anbei erhalten Sie den aktuellen Pressedienst der Landeshauptstadt Düsseldorf.

Flughafen Düsseldorf

Ein Verdachtspunkt bestätigt:
10-Zentner-Bombe wird entschärft

Amerikanische Fliegerbombe am Terminal A / 120 Hotelgäste und 140 Flughafen-Beschäftigte müssen evakuiert werden / Entschärfung um 0.30 Uhr geplant

Von den zwei Kampfmittelverdachtspunkten am Düsseldorfer Flughafen hat sich am Dienstagabend, 16. Februar, einer bestätigt: Am Terminal A wurde eine amerikanische 10 Zentner schwere Fliegerbombe aus dem Zweiten Weltkrieg entdeckt. Die Auswirkungen für die Bevölkerung halten sich in Grenzen: Im Gefahrenkreis A (500 Meter Umkreis um die Fundstelle) müssen 120 Sheraton-Hotelgäste sowie 140 Personen, die sich am Flughafen aufhalten, evakuiert werden. Im Gefahrenkreis B (1.000 Meter um Fundstelle) müssen sich 34 Anwohner und 680 Gäste des Maritim-Hotels „luftschutzmäßig“ verhalten (im Gebäude bleiben, nicht an Fenstern aufhalten).

Voraussichtlich um 0.30 Uhr am Mittwoch, 17. Februar, wird die Bombe durch den Kampfmittelbeseitigungsdienst der Bezirksregierung entschärft. Während der Entschärfung muss auch die Autobahn 44, die am Flughafen entlangführt, gesperrt werden, ebenso die Bahnlinie in Flughafennähe. Eine Betreuungsstelle wird ab 22 Uhr im Fernbahnhof des Düsseldorfer Flughafens eingerichtet. Dort werden die evakuierten Hotelgäste und Flughafenmitarbeiterinnen und -mitarbeiter betreut.

Für Rückfragen wenden Sie sich bitte an das Amt für Kommunikation, +49(0)211 89-93131.

Quelle: Pressedienst der Landeshauptstadt Düsseldorf

So nicht!

Schreiben Sie bitte **niemals** diesen Satz (aus einer echten E-Mail):

Sehr geehrte Damen und Herren,

anbei erhalten Sie o.g. Pressemeldung der Firma xy mit der Bitte um Veröffentlichung/weitere Veranlassung.

Obgleich die Bitte um Veröffentlichung noch akzeptabel ist, geht der Zusatz »weitere Veranlassung« gar nicht.

Sollte der Zusatz an die Internetagentur oder PR-Agentur gerichtet sein, so versenden Profis immer zwei getrennte Mails.

Journalisten sehen sich sonst veranlasst, die Bitte ganz schnell zu vergessen.

Genauso schlimm ist die folgende Formulierung:

> Sehr geehrte Damen und Herren,
>
> beigefügte Presseinformation sende ich Ihnen zu Ihrer Kenntnisnahme.

Spätestens hier hat der angesprochene Redakteur zur Kenntnis genommen, dass Sie nicht professionell arbeiten. Außerdem entsteht für mich hier der Eindruck, dass es sich beim Versand der Pressemeldung um eine lästige Pflichtübung handelt. Begeisterung kommt da für den beigefügten Inhalt nicht auf.

Ich wiederhole es hier noch einmal (wie bereits in Kapitel 2 beschrieben):

Begeistern Sie die Presse für Ihre Informationen.

Das gilt auch für das Anschreiben.

Nachfolgend noch ein positives Beispiel der Pressestelle der Stadt Düsseldorf.

Betreff: pld - Zur Information: Fotodownload Bombenfundort am Flughafen

Sehr geehrte Damen und Herren,

anbei erhalten Sie den aktuellen Pressedienst der Landeshauptstadt Düsseldorf.

Zur Information

Foto vom Bombenfundort am Flughafen

Liebe Kolleginnen und Kollegen,

unter der Downloadadresse

www.duesseldorf.de/presse/download/...*
Fotohinweis: Landeshauptstadt Düsseldorf

steht Ihnen ein Foto vom Fundort der Zehn-Zentner-Fliegerbombe am Terminal des Düsseldorfer Flughafens zur Verfügung.

Mit freundlichen Grüßen

Kerstin Jäckel-Engstfeld

Für Rückfragen wenden Sie sich bitte an das Amt für Kommunikation, +49(0)211 89-93131.

* Das Foto steht nur für eine begrenzte Zeit zum Download zur Verfügung.
Quelle: Pressedienst der Landeshauptstadt Düsseldorf

6 Die Presse-Einladung

Wer die Presse zu sich in das Unternehmen einlädt, der muss schon etwas Besonderes zu bieten haben. Das kann durchaus das 25-, 50-, 75- beziehungsweise sogar das stolze 100-jährige Firmenjubiläum oder die Stabübergabe an die nächste Generation sein. Bilden Sie in einem »alten« oder selten gewordenen Handwerk (zum Beispiel Ofenbauer) wieder aus? Auch das kann eine Nachricht von allgemeinem Interesse sein.

Journalisten unterscheiden zwischen Presseterminen und Pressekonferenzen.

Anlässe **für Pressetermine** können sein:

- Tag der offenen Tür am »Tag des Handwerks«, Sommerfest für Kunden und Nachbarn
- Soziales Engagement: Trikotspende, Kuchenspende, Marathonlauf für einen guten Zweck. (Aber bitte nicht die soundsovielste Übergabe eines übergroßen Schecks [erhalten Sie bei Ihrer Bank] an einen Verein. Da werden Sie in den Redaktionen nur ein müdes Gähnen hervorrufen.)
- Backstubenbesichtigung
- Eröffnung einer Filiale
- Betriebsübergabe/-nahme
- Richtfest am (neuen) Firmenstandort
- Besuch eines Politikers im Betrieb (Das muss aber schon ein ganz besonders prominenter Politiker sein. Vielleicht besucht ein Minister/eine Ministerin auf Einladung eines Lokalpolitikers Ihren Betrieb auf der Wahlkampftour?)

Beispiel für eine Einladung zu einem Fototermin

Sehr geehrte Damen und Herren,

anbei erhalten Sie den aktuellen Pressedienst der Innung Sanitär Heizung Klima Düsseldorf.

Terminhinweis

Wolfgang Bosbach spricht auf der Freisprechungsfeier der Innung

Liebe Kolleginnen und Kollegen,

am Sonntag, 20. März findet um 11 Uhr in der Handwerkskammer Düsseldorf, Georg-Schulhoff-Platz 1, die Freisprechung der Lehrlinge statt. Wolfgang Bosbach, MdB, ist dieses Jahr Festredner der Freisprechungsfeier.

Vor der Veranstaltung besteht um 10:45 Uhr Gelegenheit zu einem Fototermin mit den jahresbesten Gesellen und dem Gastredner.

Auf diesen Termin möchten wir Sie aufmerksam machen.

Mit freundlichen Grüßen

Quelle: Innung Sanitär Heizung Klima, Düsseldorf

Beispiel für eine Einladung zur Pressekonferenz

Logo

Betr.: Einladung zur Pressekonferenz

An die Redaktionen von Presse, Radio, Fernsehen und Online-Medien

Einladung zur Pressekonferenz zur Jahreswende des Nordrhein-Westfälischen Handwerkstages (13.1.2016, 10.00 Uhr) und zum Dreikönigtreffen des NRW-Handwerks (14.1.2016, ab 15.00 Uhr)

Sehr geehrte Damen und Herren,

verbunden mit den besten Wünschen für ein erfolgreiches Jahr 2016 laden wir Sie hiermit sehr herzlich ein zur **Jahresauftakt-Pressekonferenz des NRW-Handwerkstages**

am **Mittwoch, 13. Januar 2016, 10.00 Uhr** im **Vorstandssaal der Handwerkskammer Düsseldorf, Georg-Schulhoff-Platz 1, 40221 Düsseldorf** (Parkplätze in der Tiefgarage sind reserviert).

Unsere **Themen** werden sein:

- **Die Lage des Wirtschaftssektors an der Jahreswende**
- **Zum Stand der Digitalisierung im Wirtschaftssektor (NRW) und zur Enquete-Kommission Handwerk im Landtag NRW**

- **Schwarzarbeitsbekämpfung: Wissenschaftliche Studie und Modellprojekte zur Entwicklung von Kontrollmechanismen für den Öffentlichen Bausektor**
- **Agenda des Landeshandwerks mit Landesregierung und -parlament**

Ihre Gesprächspartner: NWHT-Präsident **Andreas Ehlert** und NWHT-Hauptgeschäftsführer **Josef Zipfel**.

Bitte lassen Sie uns via beigefügtem **Antwortbogen** kurz wissen, ob Sie teilnehmen werden.

Mit freundlichen Grüßen

Quelle: Nordrhein-Westfälischer Handwerkstag

7 Die Pressekonferenz

Dieses Kapitel können Sie als sehr kleiner Handwerksbetrieb oder als sehr kleines mittelständisches Unternehmen getrost überspringen. Denn Sie werden kaum in die Verlegenheit kommen, eine Pressekonferenz organisieren zu müssen. Das höchste Gefühl der Aufmerksamkeit wird bei Ihnen ein Pressetermin erzeugen.

Pressekonferenzen sind dann effektiv, wenn

- Anlass
- Themen und Timing stimmen.

Eine Pressekonferenz hat den großen Vorteil, eine größere Gruppe von Journalisten an einem Ort zu einem Termin zu versammeln. Hier können Sie ein Thema umfassend schildern oder vor Ort etwas zeigen.

Beispielsweise informieren IHKs und Handwerkskammern regelmäßig in jedem Quartal über die wirtschaftliche Entwicklung ihrer Branche. Oder eine neue U-Bahn-Linie wird eröffnet; und die Bauleitung und das Verkehrsunternehmen informieren vorab über das Programm am Eröffnungstag.

Aber:

Es werden weniger kommen als Sie denken, denn für Journalisten haben Pressekonferenzen an Bedeutung verloren. Einig sind sich Journalisten in der Ablehnung zeitaufwändiger Pressekonferenzen.

Beispiel für ein Antwortfax

Logo

per Fax: 0211/ 87 95-1 44

Nordrhein-Westfälischer Handwerkstag
Pressestelle
Georg-Schulhoff-Platz 1
40221 Düsseldorf

Antwortbogen

NWHT-Pressekonferenz und Dreikönigstreffen des NRW-Handwerks

An der Pressekonferenz am Mittwoch, 13.1.2016, 10.00 Uhr in der Handwerkskammer Düsseldorf

☐ nehme ich teil
☐ nehme ich nicht teil

Name ....
Redaktion: ....
Straße: ....
Ort: ....
E-Mail: ....
Telefon: .... Telefax: ....

Datum: .... Unterschrift: ....

Quelle: Nordrhein-Westfälischer Handwerkstag

Die häufigste Kritik von Journalisten:

- schlecht gemacht
- überflüssig
- langweilig
- Zeitverschwendung
- nichts wirklich Neues
- unwichtig
- alles nur Werbung
- bloß Geschwafel

Selbst wenn es manche Firmenchefs nicht verstehen: Die auf Büttenpapier gedruckte Einladung zur Pressekonferenz mit anschließendem »Lunch« im Vier-Sterne-Hotel lässt Journalisten in der Regel kalt, wenn man nicht einen Knaller als Meldung präsentieren kann.

Tipps für die Bewirtung

Verzichten Sie auf ein Drei-Gänge-Menü. Snacks und Getränke reichen. Die meisten Journalisten werden sich eh vor dem Essen verabschieden: Der nächste Termin oder der Schreibtisch rufen.

Statt belegter Brötchen lieber kleine belegte Baguetteschnitten. Kein Journalist stellt gerne Fragen mit vollem Mund.

7.1 Auf Highlights beschränken

Wenn Sie nichts Interessantes zu verkünden haben, wenn sie kein besonderes Ereignis haben, dann sollten Sie sich die ganze Mühe sparen und keine Pressekonferenz veranstalten.

7.2 Dialog, nicht Verlautbarung

Im Mittelpunkt jeder Pressekonferenz steht der Meinungsaustausch zwischen Veranstaltern und Journalisten.

Das heißt, die Journalisten werden auch kritische Fragen stellen. Auch wenn Ihnen das nicht gefällt, sollten Sie sich darauf vorbereiten. Wer die Konferenz zum reinen Mitteilungsinstrument missbraucht, wird die Medienvertreter schnell gegen sich aufbringen.

7.3 Vorbereitung/Einladung

Einladungen 14 bis 8 Tage vorher versenden.
Insbesondere, wenn Sie noch Räume in einem Hotel reservieren wollen, sollten Sie einen etwas längeren Vorlauf einplanen.

Günstige Termine für die Pressekonferenz:
Dienstags, **mittwochs** und **donnerstags** zwischen 10 und 12 Uhr.

Drei bis vier Tage vorher Teilnahme abfragen.

Seien Sie aber nicht enttäuscht, wenn trotz Anmeldung weniger Medienvertreter erscheinen als angemeldet. Andere Termine haben dann Vorrang gehabt. Außerdem sind die Redaktionen heute personell nicht mehr so stark besetzt wie früher.

Pressemeldungen oder Pressemappen mit Hintergrundinformationen werden von Journalisten bei solchen Terminen als Arbeitshilfe erwartet. Präsentationstechnik(en) (Beamer, Tafel, Flipchart) ist ein gutes Mittel, um das Gesagte bildhaft darzustellen.

In der Regel begrüßt der Pressesprecher, der Pressebeauftragte oder im Einzelfall der Hausherr die anwesende Presse, stellt die Gesprächspartner vor und informiert über den Ablauf der Pressekonferenz.

Danach haben die Veranstalter Gelegenheit zu Statements. Anschließend den Journalisten die Möglichkeit für Nachfragen geben. Ein Moderator erteilt dabei das Wort an die anwesenden Medienvertreter. Beobachten Sie einmal, wie eine Pressekonferenz in der Bundespressekonferenz abläuft.

Teilnehmerkreis nach Thema festlegen.

Bei **Terminierung** Redaktionsschluss und konkurrierende Veranstaltung(en) beachten.

Location wählen: Die Wahl des Ortes muss gut überlegt sein – und darf gerne kreativ und ungewöhnlich sein – sofern der Ort in Zusammenhang mit dem Thema der Pressekonferenz steht. Dabei ist zu bedenken: der Ort muss sehr gut und schnell für Journalisten erreichbar sein. Bei Fernsehteams muss zudem vorab überprüft werden, ob er allen technischen Bedingungen gerecht wird.
Eine Betriebsstätte ist hundertmal interessanter als ein Hotelsaal. Die Handwerkskammer Düsseldorf lud im Vorfeld der Meisterfeier zu einer Pressekonferenz in die Kfz-Ausbildungswerkstatt ein.

An **Konferenztechnik** und Internetanschluss denken. Denken Sie auch an Steckdosen für die Medienvertreter. Journalisten schreiben heute ihre Texte gerne direkt in den Laptop oder fragen ihre E-Mails auf dem iPad oder Tablet-PC ab.

Außerdem sollten Sie auch einen **separaten Raum** für Fernsehen und Radio reservieren, wo ungestört die Aufnahmen gemacht werden können. Denken Sie fürs Fernsehbild auch an einen passenden Hintergrund. Rollups oder eine Pressewand, die Sie bei jeder Werbeagentur gestalten lassen können, sind schnell aufgebaut.

Ungewöhnliche Orte üben auf die Presse einen besonderen Reiz aus: Die Handwerkskammer Düsseldorf wählte für ihre Pressekonferenz zum Konjunkturbericht beispielsweise als Ort einen Karosseriebau-Fachbetrieb. Interessante Fotomotive ergaben sich in den Werkstätten und im Firmenmuseum mit einem original Ford T-Modell (siehe das nachfolgende Beispiel).

Beispiel für einen Bericht nach einer Pressekonferenz

Stimmung im Handwerk weiter gut

Das Stimmungshoch im rheinischen Handwerk ist weiterhin robust. Andreas Ehlert, Präsident der Handwerkskammer Düsseldorf, stellte am Montag (4. Mai) im Meilenservice der Firma Karosseriebau Thedens an der Ronsdorfer Straße die neusten Konjunkturdaten vor. Im laufenden Jahr erwartet die Handwerkskammer leichte Umsatzzuwächse und stabile Beschäftigtenzahlen. Die Umsätze legten um 2,2 Prozent auf 28 Milliarden Euro zu. Dennoch warnte der Kammerpräsident vor dem Fachkräftemangel und einer zurückhaltenden Investitionsbereitschaft in den Betrieben.

Der ohnehin mit Volldampf fahrende Konjunkturzug hat im Handwerk noch einmal zugelegt. Der aktuelle Konjunkturindex liegt mit 87 Prozent um einen Punkt über der Höchstmarke des Vorjahres. Nur jeder zehnte Handwerksbetrieb von 1000 befragten Unternehmen im Kammerbezirk erwartet eine Lageverschlechterung. Im Herbst 2014 war noch jeder achte Inhaber (16 Prozent) skeptisch. „Offenbar drücken Risiken wie der Krisenherd in der Ukraine und die wirtschaftliche Schwäche im Euroraum in geringerem Maße auf das Stimmungsklima", erklärte Ehlert. Die Binnennachfrage nach Handwerksleistungen habe sich weiter verstärkt, insbesondere begünstige die Niedrigzinsphase Investitionen von öffentlicher und privater Hand ins Betongold.

Detlev Thedens, Obermeister der Karosseriebauer-Innung, ergänzte, dass seine Branche nach dem Sturm Ela im vergangenen Jahr durch zahlreiche Karosserieschäden außergewöhnliche Auftragszuwächse verzeichnen konnte. Mittlerweile hätten sich die Umsätze normalisiert.

Gute Chancen für Existenzgründer

Mit Sorgen sieht der Kammerpräsident den Fachkräftemangel, der auf die Investitionsbereitschaft der Betriebe drückt. Angesichts der wachsenden Probleme, Mitarbeiter zu finden, hielten sich die Unternehmen mit dem Ausbau ihrer Anlagen zurück. Außerdem stehe im Handwerk ein Generationswechsel an. Wer noch keinen Nachfolger habe, sei mit Investitionen vorsichtig. „Bis 2020 benötigen wir für 9000 Betriebe im Kammerbezirk qualifizierte Nachfolger“, so Ehlert. Deshalb werbe die Kammer jetzt besonders intensiv für die Fortbildung zum Meister, auch die Gründungsberatung sei ausgebaut worden. Gute Chancen also für junge Handwerker, den Schritt in die Selbstständigkeit durch eine Betriebsübernahme zu wagen. Eine Kreditklemme gebe es nicht. Die Stadtsparkasse Düsseldorf beispielsweise sei ein verlässlicher Partner, sagte Kammerhauptgeschäftsführer Dr. Axel Fuhrmann.

Quelle:
Mein Beitrag vom 8.5.2015,
URL: http://www.lokalkompass.de/duesseldorf/politik/stimmung-im-handwerk-weiter-gut-d542906.html

7.4 Der Ablauf

1. Begrüßung
2. Statements des Gastgebers
3. Fragerunde
4. Foto-/Fernsehtermin
5. Nachbereitung

Schicken Sie den Medienvertretern, die nicht erschienen sind, eine Pressemappe und ein oder zwei Fotos zu. Heute wird der elektronische Weg per E-Mail bevorzugt. Das Foto muss professionell sein: Am besten beauftragen Sie einen Fotografen – oder Sie besorgen sich eine professionelle Ausrüstung mit einer digitalen (Spiegelreflex-)Kamera.

Halten Sie die Datenmenge klein. Für den Druck reicht eine Auflösung der Fotos von 300 dpi, das entspricht einer Dateigröße von 1 bis 2 MB in den Standardgrößen, für größere Formate reichen 3 bis 4 MB.

Vergessen Sie nicht den »Credit« = Name des Fotografen, Bildunterschrift und Copyright: Hier steht in der Regel »Abdruck honorarfrei«. Im Programm Photoshop können Sie dies einfach unter den Dateieigenschaften einfügen. Ansonsten reicht ein Hinweis in der E-Mail (siehe Beispiel). Verlinken Sie, wie im Kapitel »Pressemeldungen« bereits angesprochen, auf eine Webversion aller (versteckten) Dateien auf Ihrer Website. Alternativ können Sie die Fotos auch über kostenlose Online-Dienste wie zum Beispiel *Dropbox*, *flickr*, *Google Drive*, das *GMX-Mediacenter*, oder über *Microsoft One Drive* teilen. Die dort hochgeladenen Dateien können über einen Freigabe-Link von jedem ans Internet angeschlossenen Computer abgerufen werden.

Seien Sie schnell: Am Nachmittag beginnt bereits die Produktion einer neuen Ausgabe der Tageszeitung. Eine Meldung, welche die Redaktion nach 15 Uhr erreicht, hat es schwerer, in der Zeitung des nächsten Tages zu erscheinen.

Bei Presseportalen wie *openpr.de*, *pressemitteilung.ws* oder *online-artikel.de* können Sie Ihre Pressemeldung kostenfrei einstellen und so die Weiterverbreitung erhöhen.

Beispiel für Nennung des Fotografen

und Copyrights in einer E-Mail

Ihnen stehen Fotos zum Download unter folgendem Link zur Verfügung:

www.xy.de/...

Foto 1: Gruppenbild (Foto: Wilfried Meyer)
Foto 2: v.l.* Die Jahresbesten: Obermeister Hans Joachim Hering [...] (Foto: Wilfried Meyer)

Abdruck honorarfrei, Beleg erbeten.

Quelle: Innung Sanitär Heizung Klima, Düsseldorf

* Zählen Sie die Personen der Reihe nach auf; hier zum Beispiel: von links [nach rechts].

Inhalt der Pressemappe

- Deckblatt mit Titel der Veranstaltung
- Inhaltsverzeichnis
- Pressemeldung zum Anlass
- Zusätzliche Pressemeldung zu (Produkt-) Neuheiten (optional)
- Unternehmensportrait/Factsheet
- Produkt- bzw. Dienstleistungsportfolio
- Hintergrundinformationen (Umfragen, Marktanalysen, Grafiken, Tabellen) (optional)
- Lebenslauf und Portrait der Geschäftsleitung/ der leitenden Personen
- Pressefotos inklusive Bildunterzeile; heute digital als Weblink oder auf USB-Stick bzw. CD
- Redemanuskript/Statements (inkl. Hinweis: „Es gilt das gesprochene Wort.“)
- Geschäftsbericht (optional)
- Nachhaltigkeitsbericht (optional)
- Imagebroschüre (optional)
- Kontaktangaben des Pressesprechers bzw. Ansprechpartners

8 Wie man es nicht macht

Bei einem Handwerksbetrieb hatte sich die Lieferung des neuen Transporters verzögert. Und prompt geschah das, was man eigentlich vermeiden wollte durch einen rechtzeitigen Ersatz: Die alte Karre gab ihren Geist auf; und nun stand der Betrieb ohne Lieferwagen da.

Aber unter Handwerkern hilft man sich, und zwei Handwerksunternehmer stellten dem Kollegen jeweils ein Ersatzfahrzeug zur Verfügung. So eine spontane Hilfe ist schon etwas Besonderes. So weit, so gut.

Doch dann kam der Pressebeauftragte des Betriebes auf die unglückselige Idee, über dieses Malheur eine Pressemeldung an die Medien zu schicken.

Im günstigsten Fall landete diese Meldung in der Ablage P wie Papierkorb.

Im schlimmsten Fall müssen Sie sich auf ein mittelprächtiges PR-Desaster einstellen.

Ein investigativer Journalist wird bei dieser Nachricht richtig hellhörig. Wie, der Handwerker XY hat wohl finanzielle Probleme? Ach ja, im vergangenen Jahr hat der ja schon nichts für soziale Zwecke gespendet. Sonst hat der doch immer den dicken Max rausgekehrt! Und da ist doch noch mein Informant beim Finanzamt. Siehe da, und die Betriebsprüfung ist bei dem auch schon seit Wochen im Haus. Da scheint ja was nicht in Ordnung zu sein.

Am nächsten Tag steht dann die Schlagzeile in der Zeitung: Steht Handwerker XY vor der Pleite?

Auch wenn diese Schlagzeile unwahr ist und Sie mit einer Gegendarstellung dagegen vorgehen können: Aus den Köpfen der Leser bekommen Sie diese negative Schlagzeile nicht mehr!
Dieses Szenario wünscht sich natürlich keiner.

Also: Lassen Sie solche Geschichten dort, wo sie hingehören – in der Schublade.

Und bedanken Sie sich bei den freundlichen Handwerker-Kollegen mit einem Brief oder der Einladung zu einem Abendessen für die Hilfe.

Merke:

Produzieren Sie von sich aus keine negativen Schlagzeilen!

9 Gewusst wie

Beispiel 1

Da beteiligte sich ein innovatives Handwerksunternehmen am bundesweiten Wettbewerb »Land der Ideen«. Für seine Innovation erhielt das Unternehmen Zülow AG aus Neuss von der Jury eine Auszeichnung. Die Überreichung fand im Rahmen einer offiziellen Übergabe der Urkunde mit der örtlichen Presse, Fernsehen und Radio am Standort der Firma statt.

Organisiert hatte das die Presseabteilung der Initiative zusammen mit dem Unternehmen. Die Resonanz in der örtlichen und überregionalen Presse sowie auf der Website der Initiative förderte spürbar die Bekanntheit des Unternehmens, das sich auch sozial an seinem Unternehmensstandort engagiert.

Beispiel 2

Die Düsseldorfer Handwerksbäckerei Hinkel feierte ihr 125-jähriges Jubiläum. Dieses Ereignis sollte mit einer Festschrift gewürdigt werden. Aber, es wurde dann nicht nur eine Broschüre, sondern ein richtiges Buch mit einer Story über die Familiendynastie mit vielen Brotrezepten sowie eine Fülle von ansprechenden Bildern. Berichte ebenso wie Rezensionen in Zeitungen, im Fernsehen und Radio sowie Signierstunden in Buchhandlungen folgten und sorgten für Aufmerksamkeit.

Beispiel 3

Im Rahmen der Imagekampagne des Handwerks findet jährlich im September der »Tag des Handwerks« statt. Viele Handwerksbetriebe nutzen die Gelegenheit zu einem »Tag der offenen Tür«. So profitieren Sie von der medialen Aufmerksamkeit, die von den Handwerkskammern im Vorfeld der Veranstaltung durch entsprechende Berichte und Pressekonferenzen vorbereitet wird.

Beispiel 4

Die Elektro-Innung Düsseldorf organisierte zusammen mit anderen Gewerken und den örtlichen Stadtwerken auf dem Rathausplatz einen »E-Aktionstag« mit Informationen über neuste Entwicklungen bei E-Mobilität und »Smart Home«. Am Tag zuvor gab es einen Pressetermin mit dem Oberbürgermeister, der Schirmherr der Veranstaltung war. Vorberichte und Nachberichte in der Presse und im Fernsehen waren beste PR.

Beispiel 5

Im März werden regelmäßig die Uhren um eine Stunde vorgestellt. Der Malermeister Michael Dworak aus Neuss, der Mitglied in einer Bürgerinitiative gegen die Sommerzeit ist, hatte einen Auftritt im Lokalfernsehen, bei dem er über die Nachteile der Zeitumstellung Stellung beziehen konnte. Er wurde auf diesen Fernsehauftritt noch Tage danach angesprochen. Eine bessere Werbung ohne Bezahlung gibt es nicht.

Klicken Sie für das Video auf https://goo.gl/C7DtJL (https://www.youtube.com/watch?v=MyA7OcBTuKg&feature=youtu.be) oder scannen Sie den QR-Code:

Beispiel 6

Die Bäckerinnung einer Großstadt backte mit Schulkindern gesunde Vollkornbrötchen. Presse und Fernsehen waren eingeladen und berichteten über das Backevent.

Beispiel 7

Ein Kfz-Meister restauriert historische Fahrzeuge. Immer wieder ein Hingucker und einen Bericht wert im Rahmen von Oldtimermessen wie der Techno classica in Essen oder den Classic Days auf Schloss Dyck am Niederrhein.

Beispiel 8

Der Präsident der Handwerkskammer Düsseldorf, Andreas Ehlert, von Beruf Schornsteinfeger, verbreitete nach dem zerstörerischen Sturm Ela im Juli 2014 Fotos über seinen Facebook-Account mit skurril umgeknickten Ziegel- und Aluminiumkaminen. Das schreckte einige Hausbesitzer auf, die dadurch den Zustand ihres Kamins überprüfen ließen. Auch eine Zeitung griff das auf.

Beispiel 9

Ein Lebensmittel-Discounter schloss eine Lernpatenschaft mit einer Schule. Zur Vertragsunterzeichnung lud der Pressesprecher die Medien in eine Filiale in der Nähe der Schule ein. Berichtet wurde darüber in Zeitungen und im Fernsehen.

Beispiel 10

Ein anderer Lebensmittel-Discounter stellte in einem *Advertorial* (was das ist, wird in einem späteren Kapitel erklärt) das Projekt Azubi-Filiale vor. Hier durften die Auszubildenden eine Filiale eine Zeitlang selbst managen. Ziel war die Werbung um Nachwuchs.

Beispiel 11

Die Malerinnung Düsseldorf fuhr mit einem Doppeldecker-Bus in verschiedene Stadtteile und informierte über Wärmeverbundsysteme sowie Fassadendämmung zur Energieeinsparung. Zum Auftakt gab es einen Pressetermin für Fotos und Fernsehaufnahmen. Die Termine für die Infotage in den Stadtteilen wurden vorher in der Presse noch mal angekündigt.

Beispiel 12

Bei einem namhaften Reiseveranstalter stand plötzlich eine ältere Dame am Empfang und wollte einchecken. Sie hatte in das Navigationssystem ihres Autos die Adresse des Reiseveranstalters eingegeben statt die Adresse ihres Hotels auf Rügen. Der Pressesprecher verschickte am selben Tag eine Pressemeldung mit der kuriosen Begebenheit. Alle Zeitungen sprangen auf das Thema an. Die »Bild-Zeitung« bot gar einen »hohen Preis«, um den Namen der alten Dame zu erfahren. Selbstverständlich blieb der Name der Kundin anonym.

Beispiel 13

Eine stadtbekannte Bäckerei erhielt neue Öfen. Um die Öfen in der Backstube zu montieren, musste das Dach abgedeckt werden, und die Öfen »schwebten« an einem Seil über das Dach eines Nachbarhauses an ihren Standort. Dadurch ergaben sich spektakuläre Bilder in den Zeitungen und im Lokalfernsehen.

Beispiel 14

Ein Konditormeister veröffentlicht im lokalen Anzeigenblatt regelmäßig Rezepte zum Nachbacken.

Beispiel 15

Zwei junge Handwerkerinnen aus Düsseldorf eröffneten 2012 im Rahmen der Imagekampagne des Handwerks die Portraitfilm-Serie »Handwerk ist mein Leben«. Ipek Ekmekci, Friseurin und Make-up-Artistin, die schon berühmte Filmstars geschminkt hat, und Johanna Zoicas, Steinmetzin, die den Männern zeigt, wie man mit Flexmaschine und Hammer umgeht. In den Filmen erzählten die Nachwuchstalente ihre ganz individuelle Lebensgeschichte aus der Welt des Handwerks.

Beispiel 16:

Tischlermeister Dirk Schmidt aus Düsseldorf lädt jährlich Kunden und Kunstinteressierte zu einer Kunstausstellung mit wechselnden Künstlern in seine Werkstatträume ein. Diese Marketingaktion, die mit künstlerisch gestalteten Einladungskarten angekündigt wird, bringt immer wieder Neukunden und neue Aufträge.

Beispiel 17:

Eine Bäckerei machte den Verkaufsraum zum Kunstraum: In den Filialen stellte ein lokaler Künstler eine Zeitlang seine Werke aus, angekündigt in der lokalen Presse.

10 Freie Dienstleister

Wenn Sie sich Pressearbeit nicht zutrauen oder keine Zeit dafür haben, dann beauftragen Sie doch einen externen Dienstleister. Es muss ja nicht immer eine PR-Agentur sein, es gibt auch viele Freelancer wie mich, die Sie bei Ihrer Presse- und Öffentlichkeitsarbeit professionell unterstützen.

Einfach mal googlen oder über eine andere Suchmaschine werden Sie unter den Stichworten *Journalist, Texter, Freelancer* fündig. Lesen Sie dazu auch das Kapitel »Mehr Freiheiten durch freie Mitarbeiter?«.

11 Erfolgskontrolle

Mit einem Pressespiegel dokumentieren und archivieren Sie alle Presseveröffentlichungen über Ihr Unternehmen. Einen kostenträchtigen Ausschnittdienst können Sie sich als klein- oder mittelständisches Unternehmen getrost sparen. Ihr Pressespiegel wird in der Regel überschaubar bleiben. Wenn Sie erfolgreich waren, lesen Sie am nächsten oder in den nächsten Tagen Ihre Nachricht in der Zeitung. Meist werden die Artikel auch zeitgleich in der Online-Ausgabe im Internet veröffentlicht. Ich schicke meinen Gesprächspartnern immer ein PDF nach der Veröffentlichung (sofern ich selbst ein Belegexemplar erhalten habe). Fragen Sie im Zweifelsfall beim Redakteur nach und bitten Sie um ein Belegexemplar. Ihrer Bitte wird man für gewöhnlich gerne nachkommen.

12 Storytelling im crossmedialen Kontext

Bei der Standard-Kommunikation vermitteln wir oft (nur) Inhalte, erzählen aber eben (leider) keine Geschichten. Die Ursprünge des Storytellings, also des Geschichten-Erzählens, liegen schon in der Steinzeit bei den Geschichtenerzählern der Neandertaler. Da prahlten die Männer mit Jagdgeschichten und die Großmutter erzählte der Enkelin von der Zeit, als es noch mehr Wisente in der Gegend gab. Spannend mussten die Geschichten sein, damit sie die Zuhörer in den Bann zogen. Haben Sie auch die Geschichten von Karl May oder das Buch »Der Herr der Ringe« von Tolkien verschlungen und konnten das Buch nicht mehr aus der Hand legen? Daran hat sich bis heute nichts geändert: Eine spannende Geschichte findet ihre Leser. Fade Pressemitteilungen und langweilige PR-Artikel landen dagegen schnell im Papierkorb.

Mitte der 1990er-Jahre zog das Storytelling in die interne Unternehmenskommunikation ein. In Unternehmen werden Geschichten heute strategisch eingebunden, um Traditionen, Werte sowie Unternehmenskultur zu vermitteln. Im Vergleich zu abstrakten Informationen haben Geschichten den Vorteil, verständlicher zu sein, stärker im Gedächtnis haften zu bleiben sowie Sinn und Identität zu stiften. Die Mitarbeiter-Erzählungen wirken einfach authentischer. Kernpunkt ist hier die Entdeckung bisher unbekannter Probleme, Fragestellungen und Lösungen.

Perspektiven der Beteiligten werden mittels Interviews erfasst, ausgewertet und in einer Erfahrungsgeschichte aufbereitet. Ziel ist, die gemachten Erfahrungen, Tipps und Tricks zu dokumentieren und damit für das gesamte Unternehmen übertragbar und nutzbar zu machen (Wikipedia).

Gute Geschichten bleiben im Gedächtnis haften

Aber schon davor erzählte die Werbung Geschichten. Erinnern Sie sich noch an Tante Tilly aus den 1960er- und 1970er-Jahren, die im Manikürstudio die Finger ihrer Kundinnen in ein Spülmittel tauchte? Oder wie war das mit dem Mann, der mit leerem Benzintank liegen blieb und mit dem leeren Kanister meilenweit zur Tankstelle seines Vertrauens wanderte?

Erfolgreiche Public Relations erzählen Geschichten, sie wiederholen nicht die Aufzählung aus dem Produktkatalog. Viel spannender ist doch, wie das Produkt einem Kunden bei der Lösung seines Problems half. Gerade im Zeitalter der Digitalisierung/Industrie 4.0 gibt es viele spannende Anwendungsbeispiele. Da wäre es doch wirklich schade, wenn Sie beim Leser keinen Funken entzünden können, der ihn darauf brennen lässt, das Ende der Geschichte zu erfahren.

Je knackiger, desto besser

Aber in unserem schnelllebigen digitalen Zeitalter wird es immer schwieriger, den Blick des Lesers auf der Seite festzunageln. **Bild** und **Grafik** können einiges dazu beitragen, den Leser in den Artikel zu ziehen. Jedoch in der Kürze liegt heute die Würze. Das hat selbst der »Spiegel« erkannt und die Länge seiner Artikel deutlich reduziert.

Ein bewährtes Schema im Marketing ist das *KISS-Prinzip* – »Keep it short and simple«. Der Leitsatz kommt ursprünglich aus der Informatik, wenn es darum geht, Probleme kurz sowie einfach darzustellen und somit meist optimal zu lösen. In der Werbung heißt das, die Botschaft auf den Punkt bringen, ohne lange um den heißen Brei herum zu reden.

Neue Formen durchs Internet

Das crossmediale Storytelling bietet heute ganz andere Möglichkeiten. Der Artikel kann durchaus etwas kürzer sein. Am Ende des Artikels verlinken Sie per QR-Code oder Hyperlink auf weiterführende Informationen im Internet. Auch kurze Videos – gemeint sind wirklich kurze Videos (über anderthalb Minuten müssen Sie schon wirklich etwas Außergewöhnliches zu sagen haben; aber das schaffen auch Politiker nur sehr, sehr selten) – sagen manchmal (wenn sie gut gemacht sind und der Darsteller perfekt vorbereitet auftritt und nicht hölzern fahrig) mehr als tausend Worte. Auch Foto-/Bilderstrecken (nicht nur Videos) mit erläuternden Bildunterschriften haben sich zum Geschichten-Erzählen sehr bewährt, besonders in Online-Medien. Heute haben Sie auch die Möglichkeit, ganz einfach über ein »Widget« eine Diaschau auf Ihrer Website einzubauen. Unter Widgets versteht man kleine Symbole, die sich auf der Startseite von Smartphones befinden und dort entweder Informationen anzeigen oder als Schalter dienen. Ein Widget ist eine Art Mini-Webseite oder Logo, das Sie beispielsweise auf Ihrem Facebook-Profil oder in Ihrem LinkedIn-Account hinzufügen können. Ein Widget funktioniert dann wie ein **interaktives Logo**. Auf mobilen Geräten wie Smartphones und Tablets werden Widgets häufig verwendet.

Menschen lieben Geschichten

Im Grunde hat sich unser »Steinzeit-Gehirn« über 70.000 Jahre nicht verändert: Wir Menschen hören, sehen oder lesen immer noch gerne Geschichten. Denn genau das ist es, wonach wir suchen: spannende Geschichten, interessante Informationen oder tolle Neuigkeiten. Perfektes Storytelling erfordert einen erfahrenen Regisseur, der die ganze Klaviatur der PR zu spielen versteht und die Botschaft im crossmedialen Kontext zielgruppengerecht umsetzt. Zusammen mit einem Team aus erfahrenen Videojournalisten, Grafikern und Fotografen setzen gute PR-Berater und -Dienstleister Botschaften spannend um. Scheuen Sie sich nicht, bei Ihrem Storytelling professionelle Hilfe in Anspruch zu nehmen. Lesen Sie dazu auch das Kapitel »Mehr Freiheiten durch freie Mitarbeiter?«.

Beispiel für Storytelling im Social Web

Das Krawattenmuseum in Düsseldorf

Das Düsseldorfer Krawattenmuseum ist zum Wehrhahn/Ecke Schützenstraße umgezogen. Der ehemalige Tischtennis-Profi Mohammad Vahabzadeh hat dort eine außergewöhnliche Sammlung von über 5000 klassischen Krawatten aus dem vergangenen Jahrhundert zusammengetragen.

Der Sammler verkauft die Ausstellungsstücke auch und ist häufig darüber überrascht, wer sich für die Schlipse aus der Vergangenheit interessiert. »Oft kommen junge Männer und kaufen alte Modelle, die sie noch von ihrem Opa kennen«, sagt der Deutsch-Iraner. Angefangen hat die Sammelleidenschaft 2010, als er an die Graf-Adolf-Straße/Ecke Berliner Allee zog. 2012 eröffnete er das Krawattenmuseum.
»Durch das Sammeln lag es eigentlich auf der Hand, ein Museum zu eröffnen. Das hat sich einfach so ergeben«, sagt Vahabzadeh. Und, das betont er, »es ist das einzige Krawattenmuseum in Kombination mit einem Geschäft weltweit«.
Aber nicht nur die Sammelleidenschaft, sondern auch die Lebensgeschichte des Geschäftsinhabers ist außergewöhnlich. Der Tischtennis-Profi hat für den Iran an drei Weltmeisterschaften teilgenommen. Im Iran war er später Sportlehrer und ein bekannter Drehbuchschreiber sowie Schauspieler.
1972 kam er zum Bundesligisten PSV Borussia Düsseldorf und wurde 1974 Deutscher Tischtennis-Meister. Nach seiner Sportlerkarriere hatte er ein Teppichgeschäft an der Immermannstraße. Später hatte er mehrere Geschäfte in Düsseldorf und Aachen.

Ende der 1970er-Jahre sollte er in einem Hollywoodfilm mit Marlon Brando und Elke Sommer mitspielen. Daraus wurde leider nichts.

Vor nicht langer Zeit war Vahabzadeh im Sommer beim Casting für die RTL-Sendung »Das Supertalent« in Köln. Dort musste er Tischtennis auf einer normalen Tischplatte spielen, einen Witz erzählen und ein Lied anstimmen. Von der langen Warterei unterzuckert, war der Diabetiker aber aus dem Takt geraten. Jedenfalls kam die Vorstellung wohl nicht gut an. Gehört hat er von RTL nichts mehr nach dem Casting. Der Ärger auf den Sender klingt heute noch durch. »Ich bin von der Jury sehr enttäuscht«, sagt Vahabzadeh. Jetzt kann er sich wieder aufs Krawattengeschäft und das Sammeln konzentrieren.

Der Ursprung der Krawatte ist übrigens nicht gesichert: Manche sehen den Vorläufer im Schal der römischen Legionäre, aber schon früher trugen die Soldaten des chinesischen Kaisers eine Art Halstuch.

Quelle:
Mein Beitrag vom 9.11.2015,
URL: http://www.lokalkompass.de/duesseldorf/leute/das-krawattenmuseum-in-duesseldorf-d598700.html

Merke:

Die Leser lieben Geschichten über ungewöhnliche Menschen und das Außergewöhnliche.

13 Content Marketing: PR oder Marketing?

Das Content Marketing Forum (CMF) definiert »Content Marketing [...] als Unternehmens-, Marken- und Produkt- und Mitarbeiterkommunikation getrieben von relevanten, redaktionellen Inhalten«. Content Marketing ist nichts anderes als Storytelling – und damit ist es dem Bereich Public Relations zugeordnet.

Content ist Gold

Ein weites Betätigungsfeld für Content Marketing sind die Social-Media-Aktivitäten. Dort entsteht Content (Inhalt) in unterschiedlichsten Formaten: Features, Reportagen, Blog-Beiträge, Videos und ja, auch Pressemitteilungen. »Content ist das neue Gold im Marketing und in der Kommunikation und mindestens so wichtig wie Big Data«, meint Ernst Primosch, CEO von Hill+Knowlton Strategies und Group SJR in der Region DACH (Deutschland/Österreich/Schweiz). Group SJR, seit 2013 ein Tochterunternehmen von Hill+Knowlton Strategies, ist der führende Anbieter von digitalem Content in den USA. Sie wurde 2014 als Content Marketing Agency des Jahres ausgezeichnet. Die Projekte für Kunden wie General Electrics, Credit Suisse oder Xerox gelten in der Branche als Best-Practice-Beispiele und Benchmarks.

In den USA ist Content Marketing schon extrem erfolgreich. Während in Silicon Valley die Big Data den Takt angeben, entsteht in New York ein gigantisches Content-Zentrum mit tausenden Journalisten. »Nur wer die Motivation seiner Zielnetzwerke ernst nimmt und hohe Qualität liefert, wird Teil der Gespräche und kann Wirkung entfalten«, sagt Amos, Head of Creative & Digital bei H+K/Group SJR.

Merke:

Content Marketing braucht gute Themen und Geschichten, eine exzellente, Zielgruppen-relevante Schreibe, bespielt auf allen Mediakanälen, insbesondere auch auf den Social Media.

14 PR im Handwerk

Klappern gehört zum Handwerk – doch wenn es um Presse- und Öffentlichkeitsarbeit im Handwerk geht, ist es verdächtig still. Anders als Großunternehmen verfügen kleine und mittelständische Unternehmen in der Regel nicht über eigene Werbe- und Öffentlichkeitsabteilungen.

Entsprechend schwerer fällt ihnen ein professioneller Auftritt auf der Bühne der Public Relations. Doch die gezielte Ansprache der Öffentlichkeit macht sich immer bezahlt. Sie ist keineswegs »unnütz« oder »zu teuer«.

Zur betrieblichen Public Relations gehört ein breites Spektrum an Aktivitäten mit Außen- und Innenwirkung, das von der Image-Broschüre über Verbraucherveranstaltungen – bei größeren Firmen auch Fachsymposien – bis zu Mitarbeiter- oder Kundenzeitschriften reichen kann. Auch die ansässige Bevölkerung rund ums Betriebsgelände interessiert sich mehr für das Unternehmen in seiner Nachbarschaft als Sie denken. Nicht ohne Grund hat das deutsche Handwerk den Claim »Das Handwerk. Die Wirtschaftsmacht. Von nebenan.« für die bundesweite Imagekampagne gewählt.

Medienkontakte sollten regelmäßig zur Palette unternehmerischer Führungsaufgaben gehören. Schließlich können vom Geschäftserfolg Arbeitsplätze abhängen, können Firmenjubiläen ein Ereignis für den gesamten Stadt- oder Ortsteil sein, trägt ein Messeauftritt (beispielsweise auf der Handwerksmesse in München) zum Imagegewinn auch der Kommune oder des Bundeslandes bei. Das (Zusatz-)Angebot von Lehrstellen, der jahresbeste Lehrling, geplante

Erweiterungen, Verlagerungen, Personalien, aber auch Umweltschutzmaßnahmen – zum Beispiel die neue Hofüberdachung mit lärmmindernder Wirkung – all das interessiert mehr Menschen als nur die unmittelbar Betroffenen, und sollte Anlass sein, die örtliche Zeitungs- und Lokalfunkredaktion zu informieren.

Ein Beispiel: Ein auf Kommunikationstechnik spezialisiertes Wuppertaler Elektroinstallationsunternehmen führt mit großem Erfolg in Abständen zusammen mit der lokalen Tageszeitung und dem Lokalradio ein »Experten-Meeting« zu einem aktuellen wirtschafts- oder sozialpolitischen Thema durch, beispielsweise zur Lehrstellensituation vor Ort. Natürlich ist das Unternehmen schon seit längerem ein profilierter Ausbildungsbetrieb.

Sinnvoll ist die Einbettung aller betrieblichen PR-Maßnahmen in ein Gesamtkonzept der Marketing-Kommunikation (Kommunikation ist Marketing!), um die Einheit von Unternehmen, Produkt, Anspruch und Leistung für externe Dienstleister, aber auch betriebsintern durchgängig sichtbar zu machen und sicherzustellen. Den kleinen und mittleren Betrieben des Handwerks steht dabei ein breites Beratungsangebot der Handwerkskammern zur Verfügung. Bei der Pressestelle der Kammer erhalten Unternehmer Hinweise über das *Wie*, *Was* und vor allem *Was nicht geht.*

»Drei Kriterien sind für eine effektive Kommunikation mit der Presse unabdingbar. Sie zu beachten, dürfte mit einer funktionierenden Büroorganisation auch für einen Kleinbetrieb zu bewerkstelligen sein: Presse-Informationen müssen gehaltvoll sein, just in time kommen und an den Richtigen gelangen«, weiß Alexander Konrad, Leiter Kommunikation und Pressesprecher der Handwerkskammer Düsseldorf. Sein Rat: »Frisch muss Ihre Mitteilung sein, das heißt vom Tage, oder zum Tage. Dicht muss sie sein, das heißt knapp und komprimiert, idealerweise maximal eine Seite. Konzentrieren Sie sich in Ihrer Pressemitteilung auf wenige Fakten, ohne eigene Wertungen.«

Ein Beispiel: Machen Sie deutlich, dass Ihre Nachricht in Bezug zu Ereignissen oder Entwicklungen von öffentlichem Interesse steht.

Ihr spezieller Beitrag zum Abbau von Arbeitslosigkeit oder Lehrstellenknappheit soll Schule machen. Sie haben ihren Betrieb erweitert, oder als Ausbildungsbetrieb einem Flüchtling eine Chance gegeben? Kommunizieren Sie es. »Reden ist Silber – Handwerk ist Gold« – so titelte ein Aufmacher in der Deutschen Handwerkszeitung. »Reden ist nicht Silber. Es ist Teil Ihres Handwerks. Es ist das Gold«, sagt Alexander Konrad.

Versuchen Sie es auch mal mit *Content Marketing* und *Advertorials* in Zeitungen. Gerade für Innungen ist dies eine hervorragende Möglichkeit, ihr Gewerk in den Mittelpunkt der Berichterstattung zu stellen. Die Handwerkskammer Düsseldorf bereitete eine Artikelserie zum Klimaschutz in der Düsseldorfer »Westdeutsche Zeitung« vor. In Kooperation mit dem Umweltzentrum des Handwerks in Oberhausen, der SHK-Innung und der Elektro-Innung entstanden so mehrere Artikel zu den Themen »Energie sparen« mit zahlreichen Verbraucher-Tipps. Finanziert wurden die *Advertorials* aus dem Anzeigenetat der Imagekampagne.

Mit seinem kleinen Firmenmuseum hat Malermeister Andreas Conrad in Wuppertal eine Location für Veranstaltungen, für Schulklassen, für die Ausbildung geschaffen und kann damit immer wieder werblich und terminlich an die Medien gehen.

Der Bäckermeister Josef Hinkel – ein Düsseldorfer Original, fest verwurzelt im Düsseldorfer Brauchtum – sammelt Rezepte von schon vergessenen Brotsorten, lässt sie in seinem Sortiment wiederaufleben. Dazu wendet er sich per Handzettel an seine Kunden. Zusätzlich wirbt er per Internet und Facebook sowie auch über eine Pressemitteilung Rezepte von breiteren Kreisen ein. Er spannt damit die Öffentlichkeit für sein Anliegen ein.

Der Steinbildhauer Sill aus Mönchengladbach-Rheydt hat sich zu einem Experten in jüdischer Trauerkultur entwickelt, der am gesamten Niederrhein gefragt ist, ein profunder Kenner von Zeichen, Symbolen, Gebräuchen. Er teilt sein Wissen mit Interessierten, im Internet, im Social Web. Und er bekommt regelmäßig Aufträge von Juden aus Israel und aus New York für die Grabpflege ihrer Vorfahren aus dem Rheinland. Bei spannenden Projekten bindet Sill die Presse ein, die gerne auf das Thema anspringt.

Beispielhaft als Ausbildungsbetrieb kommuniziert der Düsseldorfer Fleischermeister Peter Inhoven: Nach einem langen Messe-Tag auf der Grünen Woche in Berlin erklärte er den Stand samt mitgebrachter Musikanlage kurzerhand zur Tanz-Zone. Und rappte mit seinen Lehrlingen. Die schrägsten Bilder davon stellte er selbst ins Netz. Und so ist es kein Wunder, dass Inhoven viele Likes auf Facebook erntet.

Außerdem probieren die Azubis verrückte Gewürzmischungen aus – etwa für eine Fenchel-Thymian-Orange-Currywurst – und stellen das Ergebnis auf der Firmen-Website sowie ihrer What's App-Gemeinde zur Diskussion.

Prominente aus Politik, Wirtschaft und Gesellschaft locken nicht nur interessierte Gäste und Freunde des Hauses an den Unternehmenssitz der Zülow AG in Neuss, sondern auch die lokale Presse.

Die Veranstaltungsreihe »Gnadentaler Unternehmer Tisch – GUT« wurde 2003 von der Zülow AG in enger Kooperation mit mittelständischen Unternehmen, dem Rhein-Kreis-Neuss sowie dem Institut für Dienstleistungs-Management der Wirtschaftswissenschaftlichen Fakultät der Heinrich-Heine-Universität Düsseldorf gestartet. Sie basiert auf der Erkenntnis, dass es angesichts eines zunehmenden Wettbewerbs auf einem globalen Markt erforderlich ist, Wissensaustausch von Unternehmen zu fördern und ist Teil des gesellschaftlichen Engagements der Zülow AG.

Regelmäßig diskutieren die Gäste des GUT mit verantwortlichen Persönlichkeiten aus allen Bereichen der Gesellschaft. Die Diskussionsinhalte des Gnadentaler Unternehmertischs sind sehr vielfältig. Themen wie »von der Idee zum Patent«, »Sicherheit als Standortfaktor«, »ein Abt als Unternehmensführer« sowie der Dialog von Politik und Wirtschaft mit Ministern sind im Jahresprogramm. Oft sind Bundes- oder Landesminister neben den Vorständen von DAX-Unternehmen zu Gast.

Die Düsseldorfer Handwerksbäcker verlegten ihre traditionelle Weihnachtsstollenprüfung kurzerhand auf den Weihnachtsmarkt ins Riesenrad, das auf dem Burgplatz stand. Zur Freude der Medien drehte der Prüfer etliche Runden in einer Gondel und lieferte außergewöhnliches Bildmaterial für die Zeitungen und das Fernsehen.

Ein anderes Mal fand die Brotprüfung im Umweltministerium unter Beteiligung des Ministers statt. Ein außergewöhnlicher Pressetermin für die örtlichen Medien.

Wilhelm Költgen aus Krefeld baut Fahrzeuge für Menschen mit einem Handicap behindertengerecht um. Ihm fehlt von Geburt an selbst eine Hand. Trotzdem wollte er nicht auf sein Hobby Motorradfahren verzichten und hat Stützräder für Motorräder erfunden, mit denen auch mobilitätseingeschränkte Menschen weiter mit einem Motorrad fahren können. Költgen präsentierte sein Know-how auf der Veranstaltung »Mobil mit Handicap« in einem Düsseldorfer Parkhaus, mit der die Handwerkskammer Düsseldorf auf das Thema Inklusion im Handwerk aufmerksam machte. Der Termin wurde im Vorfeld auf einer Pressekonferenz vor Ort bekannt gemacht.

Auf Google+ und seiner Facebook-Seite berichtet Költgen regelmäßig über neue Umbauten. Költgen hat Kunden nicht nur aus der Region, sondern sogar in Arabien und in der Schweiz. Er hat auch schon Ferraris und Traktoren behindertengerecht umgebaut. Das ist auch immer wieder einen Bericht in der Presse wert.

Detlev Thedens, Obermeister der Düsseldorfer Karosseriebauer-Innung, lackiert in seinem Fachbetrieb nicht nur Autos, sondern auch Straßen-, U-Bahnen und Eisenbahnen. Als er den Auftrag für die Lackierung der U-Bahnen in der »feindlichen Nachbarstadt« Köln erhielt, war das eine Meldung in der Presse wert. Viel zitiert wurde sein Satz: »Immerhin in den Farben der Fortuna*.«

*Die Farben des Düsseldorfer Fußballvereins »Fortuna Düsseldorf« sind dieselben wie die der Stadt Köln: rot und weiß.

Bauminister Groschek beim Gnadentaler Unternehmertisch

Über den Investitionsstau bei Brücken, im Straßenbau und im Schienenverkehr sowie über die Förderung der »Nahmobilität« sprach Michael Groschek, Minister für Bauen, Wohnen, Stadtentwicklung und Verkehr des Landes Nordrhein-Westfalen, am 2. Juli auf dem Gnadentaler Unternehmertisch am Firmensitz der Firma Zülow AG auf Gut Gnadental in Neuss. Die Unternehmerin Jutta Zülow lädt immer wieder interessante Persönlichkeiten aus Wirtschaft, Wissenschaft und Politik ein.

Deutschland reparieren

20 Jahre sei auf Verschleiß gefahren worden und zu viel Güterverkehr auf die Straße gebracht werden. Groschek wünscht sich eine Gemeinschaftsinitiative für eine andere Infrastrukturpolitik, mit dem Ziel Deutschlands Verkehrswege zu reparieren.

Allein Nordrhein-Westfalen benötigt 4,5 Milliarden Euro zur Brückensanierung. Die Maut für Lastkraftwagen will der Minister nach dem Verursacherprinzip ausweiten, eine Pkw-Maut lehnte er ab. Beim Ausbau des Schienenverkehrs haben der Ausbau der Betuwe-Linie zwischen Emmerich und Oberhausen sowie der Rhein-Ruhr-Express Vorrang. Später müssten auch die Nord-Süd-Verbindungen wie die Rhein-Sieg-Strecke für Güterzüge ausgebaut werden. Beim Thema Wohnungsbau möchte er den Anteil des sozialen Wohnungsbaus erhöhen und eine Mietpreisbremse einführen.

Nahmobilität fördern

Die Wohnraumförderung soll zu einer Sozialraumförderung umgebaut werden. Dazu gehöre dann ebenso der altersgerechte

Umbau von Wohnungen. Derzeit prüfe die Landesregierung die Umstellung der Förderprogramme auf eine Darlehensförderung. Bei der Quartierentwicklung soll auch die »Nahmobilität« berücksichtigt werden. Auch ältere Menschen mit Rollator sollen in ihrem Stadtteil gut mobil unterwegs sein. Bei der E-Mobilität sieht Groschek für Elektro-Autos in absehbarer Zeit keinen technologischen Sprung in der Batterieweiterentwicklung. Hier werde es in absehbarer Zeit eher zu einer Zunahme von E-Bikes und Pedelecs kommen. Insofern sei der Ausbau des Radwegenetzes eine Zukunftsinvestition.

Quelle:
Mein Beitrag vom 4.7.2013,
URL:http://www.lokalkompass.de/duesseldorf/politik/bauminister-groschek-beim-gnadentaler-unternehmertisch-d316081.html

Informationstage der Handwerkskammer »Mobil mit Handicap«

Menschen mit Behinderungen nutzen die bestehenden Möglichkeiten zu individueller Fortbewegung im Öffentlichen Raum nicht ausreichend. »Zu wenige Menschen mit Handicap sind mit dem breitgefächerten Serviceangebot für diese Zielgruppe an Verkehrsteilnehmern wirklich vertraut. Dabei muss kein Schwerbehinderter, der zu selbstständiger Lebensführung in der Lage ist, heute mehr auf Mobilität verzichten«, sagt Professor Wolfgang Schulhoff, Präsident der Handwerkskammer Düsseldorf: Um dies zu ändern, veranstaltete die Handwerkskammer Mitte Oktober zwei Informationstage im ParkCenter Kö in der Stresemannstraße.

An den Aktionstagen wurden für Menschen mit Mobilitätseinschränkungen Umbaumöglichkeiten an Pkw und Motorrädern gezeigt. »Das Handwerk verlängert damit den Impuls von der Fachmesse REHACARE um eine weitere Woche«, so Schulhoff. Der Krefelder Handwerksbetrieb Költgen GmbH, der sich auf den behindertengerechten Fahrzeugumbau spezialisiert hat, zeigte Umbaumöglichkeiten an Pkw und Motorrädern. Die Mönchengladbacher Fahrschule Schopphoven, die sich auf die Schulung Schwerbehinderter konzentriert hat, stand ebenfalls für Informationsgespräche zur Verfügung. Der Parkhausbesitzer hatte auf der unteren Ebene eine Aktionsfläche zur Verfügung gestellt.

Für die Handwerkskammer Düsseldorf präsentierte der Integrationsberater Volker Boeckenbrink seine Arbeit. Die so genannte Fachberatung für Integration bei der Handwerkskammer Düsseldorf (getragen vom Integrationsamt des LVR), kümmert sich darum, Betriebe mit schwerbehinderten Menschen zusammenzubringen.

Die bewusst bei der Kammer als einer Einrichtung der wirtschaftlichen Selbstverwaltung angesiedelte Anlaufstelle bietet Informationen für Handwerksunternehmen zu sämtlichen Fördermöglichkeiten (insbesondere über Nachteilsausgleiche) bei Neueinstellungen, Ausbildung und bei bestehenden Arbeitsverhältnissen, Hilfe bei der Beantragung der passgenauen und individuellen Fördermöglichkeiten sowie die Kontaktaufnahme zu den zuständigen Kostenträgern.

Quelle:
Mein Beitrag vom 18.10.2010,
URL: http://www.lokalkompass.de/duesseldorf/politik/informationstage-der-handwerkskammer-mobil-mit-handicap-d19523.html

Ein gelungenes Beipiel für die Präsentation an einem ungewöhnlichen Ort: Die Pressekonferenz fand in einem Parkhaus statt und bot Zeitungen und Fernsehen beste Motive für die Vorberichterstattung.

15 Mehr Freiheiten durch freie Mitarbeiter?

Viele Familien wünschen sich mehr Zeit für ihre Kinder. Doch verdichtete Arbeitszeiten, Vertrauensarbeitszeiten ohne Limit und Home-Office ohne räumliche Trennung zwischen privatem und beruflichem Bereich fressen unsere Freizeit auf. Per Smartphone und Tablet-PC ist man immer und überall erreichbar. Durch den Einsatz von freien Mitarbeitern können sich PR-Arbeiter, Unternehmer und Unternehmen von der alltäglichen Schreibroutine entlasten und den Kopf frei bekommen für ihre Kernaufgaben.

Heute gibt es viele freie Journalisten, die sich als Mediendienstleister auf das Schreiben und Gestalten von Unternehmenspublikationen spezialisiert haben (es muss ja nicht immer ein Corporate-Publishing-Verlag oder eine PR-Agentur sein). Als Medienprofis können diese Freelancer unter Zeitdruck recherchieren und schreiben; und sie sind es gewohnt, dass Redakteure, Gesprächspartner oder der Auftraggeber ihre Texte redigieren. Bei Tageszeitungs-Journalisten sollten sie aufpassen, weil es Interessenkonflikte zwischen betrieblicher Verschwiegenheit und journalistischer Neugier gibt. Aber gegen diese Regel schreiben Redakteure der Lokalpresse beispielsweise für IHK-Zeitungen vortreffliche Artikel. Es ist eben alles eine Frage des Briefings beziehungsweise der Verpflichtung zur Verschwiegenheit.

Ein gutes Briefing ist Pflicht

Worin bestehen etwaige Schwierigkeiten mit freien Mitarbeitern? Sie kennen sich im Betrieb nicht so aus wie ein eigner Mitarbeiter der Unternehmenskommunikation (aber wer kennt schon alle 1000 Mitarbeiter in einem mittelständischen Unternehmen?). Deshalb sollte man den externen Kollegen bei den wichtigsten Gesprächspartnern ankündigen. Wichtig ist auch ein gutes Briefing. Wo sollen die Schwerpunkte bei der Recherche liegen? Welche Fotomotive bieten sich an? Macht der Freie sogar selbst die Fotos?

Oder kommt ein Fotograf gleich mit? Ist das der Hausfotograf oder organisiert der freie Mitarbeiter das gleich mit?

Ohne Betriebsblindheit an Themen herangehen

Aber im Blickwinkel des Betriebsfremden liegt auch die Chance, die eigene Betriebsblindheit zu überwinden und Themen anders anzugehen sowie spannend darzustellen. Das kann nicht nur für die Kundenzeitung, sondern auch für Broschüren oder den frei gestaltbaren Imageteil des Geschäftsberichts inspirierend sein. Die Freien beherrschen das Storytelling in der Regel besser als der Presseverantwortliche, der nebenbei auch noch die Mitarbeiter- und Kundenzeitung machen muss.

Bewährt haben sich Redaktionskonferenzen/Besprechungen, auf der Themen besprochen und zu der die Freien sowie wichtige Ansprechpartner gleich eingeladen werden. Blattkritik und Feedback sind hilfreich und sollten zeitnah erfolgen. Laden Sie ihre Freien auch mal zu einem Fest oder Jahresempfang ein, bei dem sie wichtige Ansprechpartner Ihres Unternehmens kennenlernen.

Gute Schreiber sind ihr Geld wert

So lautet die Antwort auf die eingangs gestellte Frage klar: Ja! Freie Mitarbeiter schaffen nicht nur Freiräume für mehr Work-Life-Balance, sondern auch mehr Kapazitäten für die Kernaufgaben der Kommunikationsverantwortlichen. Und noch ein Satz: Hegen und pflegen Sie Ihre freien Mitarbeiter. »Geiz ist geil« ist hier ganz fehl am Platze! Gute Talente sind ihren Preis wert. Das Honorar sollte angemessen sein. Auch das ist Wertschätzung, die sich in Wertschöpfung niederschlägt. Gute Schreiber ersparen Ihnen Zeit beim Nacharbeiten – und das wiederum kommt Ihren Freiräumen zugute. Hingegen belasten von einem knauserigen Honorar unmotivierte Schreiber eher Ihren Kopf. Der schlecht bezahlte Texter wird das Weite suchen, wenn sich ihm ein besseres Angebot bietet. Und Sie müssen sich nicht nur auf die Suche nach einem

Ersatz machen, sondern diesen auch wieder einarbeiten und im Unternehmen einführen. Das ist kontraproduktiv. Als Kommunikationsverantwortlicher gehört es auch zu Ihren Aufgaben, die nötigen Mittel einzufordern und offen zu sagen, was nicht getan werden kann, wenn weniger Ressourcen zur Verfügung stehen. Diesen Argumenten wird sich auch ein knickeriger Vorgesetzter nicht verschließen können.

16 History Communication: Haben Sie schon ein Buch veröffentlicht?

Nein, ich spreche hier nicht von den obskuren Ergüssen eines abgetretenen Präsidenten nebst denen seiner mal mehr oder weniger verflossenen Gattin oder den vertrackten Werken eines glücklosen Kanzlerkandidaten. Auch nicht von Bestsellerromanen à la Steven King oder Frank Schätzing ist hier die Rede. Aber sicherlich haben Sie angesichts eines Firmenjubiläums schon mal daran gedacht, eine Festschrift herauszugeben. Eine Festschrift ist als eine Art Image-broschüre ein gutes PR-Mittel. Auch eine solche Publikation kann man spannend gestalten.

Ganz wichtig ist die Frage nach Fotos. Denn eine reine Textwüste möchte wahrlich niemand lesen. Glücklich kann sich schätzen, wer beispielsweise als Bauunternehmer Fotos von seinen Baustellen oder Festakten mit dem Auftraggeber, möglicherweise sogar mit dem Bürgermeister oder dem städtischen Baudirektor, archiviert hat. Wobei die wenigsten Firmen wohl einen Archivar beschäftigen werden, der das alles auf Zuruf aus den Hut zaubern kann. Häufig sind die Fotos nicht hinreichend beschriftet und datiert. Wer und was ist auf dem Foto überhaupt zu sehen? Sind das wichtige Personen? Ältere Fotos werden kaum in digitalisierter Form vorliegen. Farbfotos aus den 1970er-Jahren weisen vielfach einen Rotstich auf und müssen vor der Veröffentlichung erstmal aufwändig bearbeitet werden. Vielleicht ist ja auch ein Artikel in der lokalen Presse erschienen? Sofern das Foto im Zeitungsarchiv vorliegt, wird das Negativ aus früheren Zeiten meist nur in Schwarz-Weiß sein (der durchgängige Farbdruck bei Zeitungen hat sich erst gegen Ende des 20. Jahrhunderts durchgesetzt). Noch ältere Fotos, besonders bei alt eingesessenen Industrieunternehmen, liegen vielleicht nur als Negativ auf Glasplatte vor. Wenn sie Glück haben, hat jemand diese Glasplatten bruchsicher aufbewahrt. Wenn Sie Pech haben, ist die Glasplatte gerade an einer interessanten Stelle gebrochen und die Szene muss aufwändig retuschiert werden. Haben Sie die Fotos gesichtet, ausgewählt und bearbeitet, dann beginnt die Suche nach Dokumenten aus der schon erlebnisreichen und erzählenswerten Firmengeschichte.

Zwangsarbeiter-Debatte führte zu einem Geschichts-Hype

Das Interesse an der eigenen Geschichte ist seit der internationalen Debatte über die Entschädigung der NS-Zwangsarbeiter um den Millenniumwechsel 2000 gestiegen. Beigetragen zu dieser Entwicklung haben vor allem Boykottdrohungen aus dem Ausland und ein bis dato beispielloser öffentlicher Druck auf deutsche Unternehmen, ihre Vergangenheit – insbesondere in der NS-Zeit offenzulegen. Die Debatte machte nicht nur aufwändige historische Recherchen notwendig, sondern führte vor allem bei global agierenden Konzernen dazu, sich intensiv mit ihrer Geschichte auseinanderzusetzen. Unternehmen wie Volkswagen oder Daimler-Benz beauftragten frühzeitig renommierte externe Experten mit der Aufarbeitung ihrer Geschichte. Dies erhöhte die Glaubwürdigkeit der Forschungen und brachte zum Teil neue schonungslose Enthüllungen über die Verstrickungen mit der NS-Diktatur.

Das Firmenarchiv: Das Gedächtnis des Unternehmens

Gerade bei solchen Geschichtsdebatten und Firmenjubiläen zeigt sich der Wert eines Firmenarchivs. Mit einem gut geführten Firmenarchiv lässt sich History Communication professionell gestalten. Denn die gesammelten Schätze, das Archivgut, stellen die Basis für historische Themen dar. Festangestellte Firmenarchivare werden leider aus Kostengründen immer rarer. Nicht alle Firmen haben etwa wie Henkel in Düsseldorf mit den »Schriften des Werksarchivs« bereits seit Ende der 1960er-Jahre den Grundstein für eine systematische Aufarbeitung der Firmengeschichte des Henkel-Konzerns sowie seiner Tochtergesellschaften (wenn auch mittlerweile zum Teil verkauft) oder auch über die Geschichte der Werksfeuerwehr, der Mitarbeiterzeitschrift oder des Betriebsrats gelegt. Beim 125-jährigen Jubiläum im Jahre 2001 konnte Henkel daher auf diese Vorarbeiten zurückgreifen.

Ein weiteres Unternehmen, das die 100 Jahre bereits weit überschritten hat, ist Rheinmetall: Der Rüstungs- und Technologiekonzern feierte 2014 sein 125-jähriges Jubiläum. Die überaus wechselvolle Geschichte, die in dem im September 2014 im Kölner Greven-Verlag erschienenen Buch »Rheinmetall – vom Reiz, im Rheinland ein großes Werk zu errichten« detailliert dargestellt wird, ist eng mit der politischen und gesellschaftlichen Entwicklung in Deutschland verbunden.

Bei der intensiven und aufwändigen Recherche für das Buch zum 125-jährigen Firmenjubiläum stieß der Wuppertaler Historiker und freiberufliche Rheinmetall-Firmenarchivar Dr. Christian Leitzbach immer wieder auch auf Rheinmetall-spezifische Ereignisse und Episoden, die eher abseits des historischen Mainstreams liegen. Es sind Stories, in denen sich teils ungewöhnliche, teils amüsante und vielfach auch nachdenkliche Gegebenheiten widerspiegeln.

So werden im Rheinmetall-Buch auch die Erinnerungen eines ehemaligen Zwangsarbeiters geschildert, der im Werk Düsseldorf an der Hobelbank arbeitete und der wohl auch deshalb überlebte, weil er seinem Hobby – der Malerei – während der Gefangenschaft nachgehen konnte. Die von Buchautor und Firmenarchivar Dr. Christian Leitzbach ausgegrabenen historischen Fundsachen finden sich auf einer eigenen Microsite auf der Rheinmetall-Webseite wieder. Die insgesamt siebenteilige Serie, die sich zeitlich eng an den prägenden Epochen der Unternehmensgeschichte von Rheinmetall orientiert, wird aufgelockert durch Illustrationen des in Dresden lebenden Grafikdesigners Dirk Oberländer.

Diese Beispiele zeigen, dass es bei der Beschäftigung mit der Vergangenheit nicht um nostalgische Liebhaberei, sondern um eine professionelle Herausforderung geht.

Dagegen sehen sich viele Mittelständler vor einem Berg von Problemen: Oft machen sich schmerzhafte Lücken in der Überlieferung bemerkbar. In den allermeisten Fällen empfiehlt es sich, externe Hilfe ins Haus zu holen. Denken Sie auch an Interviews mit ehemaligen und langjährigen Mitarbeitern – durch »Oral History« (mündliche Überlieferung) lässt sich so manche Lücke füllen. Mit den Elementen des Storytellings entsteht eine spannende Firmengeschichte. Benutzen Sie das Jubiläum auch dazu, die Struktur des Unternehmensarchivs zu verbessern oder gar erst eines einzurichten, das den Namen verdient. Wer 50 Jahre Firmengeschichte aufarbeitet, kann möglicherweise Spurensicherung betreiben, die wenig später bereits unmöglich ist.

Beim Aufbau eines Archivs kann ich Sie gerne unterstützen, denn durch meine frühere freie Mitarbeit im Firmenarchiv des Henkel-Konzerns kenne ich mich mit Aufbau und Pflege eines Archivs bestens aus. Mit meiner Doppelqualifikation als Journalist und Historiker kann ich Ihre Firmenhistorie attraktiv aufbereiten und Sie bei der Erstellung einer Festschrift unterstützen. Sprechen Sie mich an.

Achtung bei Fotos:

Klären Sie auf jeden Fall die Urheberrechte ab.
Urheberrechte erlöschen erst 70 Jahre(!) nach dem Tod des Fotografen. Außerdem sollten Sie die Nutzungsrechte der abgebildeten Personen am eigenen Bild sauber klären. Nichts ist ärgerlicher, als wenn ein Mitarbeiter, der das Unternehmen im Zorn verlassen hat, auf seine Rechte pocht.

Buch zum 125-jährigen Jubiläum

Buchtipp: Das große Hinkel Brot Backbuch

Die Bäckerei Hinkel feiert im nächsten Jahr ihr 125-jähriges Firmenjubiläum. Im Jahr 1891 hat die »Bäckerei der Brotfreunde« erstmals ihr leckeres Brot verkauft. Damals legte Jean Hinkel den Grundstein für die Familien- und Firmendynastie. Doch schon jetzt gibt es einen Vorgeschmack aufs Jubiläum mit der Publikation »Das Große Hinkel Brot Backbuch«.

Bäckermeister Josef Hinkel kennt in Düsseldorf jeder, war er doch Karnevalsprinz in der Session 2008 und amtierte bis 2015 fünf Jahre lang als Präsident des Comitees Düsseldorfer Carneval. Für die Düsseldorfer Bäcker ist Josef Hinkel der letzte Obermeister der Bäckerinnung Düsseldorf und seit der Fusion zur Bäckerinnung Rhein/Ruhr Regionaler Obermeister der Handwerksbäcker Düsseldorf.

Man sieht es ihm so gar nicht an, aber am 1. April 1988 hat er mit 29 Jahren die Bäckerei von seinem Vater übernommen. Und deshalb ist auch der 1. April 2016 der offizielle Feiertag fürs Jubiläum. Aber schon jetzt gibt es einen Vorgeschmack aufs Jubiläum mit der Publikation »Das Große Hinkel Brot Backbuch«. Neben den 50 besten Rezepten für Roggen-, Weizen- und Vollkornbroten sowie für Stuten und Brötchen enthält das reich bebilderte Buch außerdem Tipps zur richtigen Zubereitung, Wissenswertes zum Thema Brot und gewährt spannende Einblicke in Hinkels Backstube und ins Familienalbum. Raymund Hinkel, der älteste Bruder und Historiker des Hinkel-Clans, hat die Fotos zur Familien- und Betriebsgeschichte herausgesucht.

Inzwischen ist Josef Hinkel Sammler traditioneller Brotrezepte aus den verschiedenen Regionen. Ganz besonders viel Freude hat er aber auch beim Ausdenken neuer Rezepte. Und aus den gesammelten Schätzen ist die Rezeptsammlung entstanden. Da bekommt der Leser Basiswissen über die verschiedenen Grundteige – sie sind das A und O beim Brotbacken. Auf »Bäckerlatein« wurde beim Verfassen der Rezepte bewusst verzichtet. Das besondere sind bei Hinkel die knackig-rustikale Brotkruste und die milde Krume. Dazu gehört auch das beliebte Roggenmischbrot »Schwarzwälder«, und deshalb steht es bei den Rezepten an erster Stelle.

Quelle:
Mein Beitrag vom 14.12.2015,
URL:http://www.lokalkompass.de/duesseldorf/ratgeber/buchtipp-das-grosse-hinkel-brot-backbuch-d607889.html

17 Die Macht der bewegten Bilder

»Ein Bild sagt mehr als tausend Worte« lautet ein geflügelter Spruch. In den Anfängen des Kintopps lernten die Bilder laufen, viele Bilder ergeben einen Film. Die Macht der bewegten Bilder zeigt sich nicht nur im Kino, sondern auch in den täglichen Nachrichtensendungen und noch mehr im Internet. Die Zukunft vom Bewegtbild liegt im Internet. Dennoch nutzen erst wenige Unternehmen Videos zum crossmedialen Content Marketing sowie zur Unterstützung ihrer internen und externen Kommunikation.

Das Internet ist ein Medium für bewegte Bilder. Die Nutzer wollen auf ihren Smartphones keine langen Beiträge lesen. Viel lieber interessieren sie sich für Geschichten, die bewegen und die sie teilen können. Internet und Fernsehen verschmelzen zu einem allzeit verfügbaren Medium mit der größten Nutzerzahl. Die Jugend lässt sich nicht auf feste Sendezeiten festlegen. Soaps werden längst im Internet gesehen: wann und wo man will. Auf diese zunehmende Unabhängigkeit der Konsumenten haben auch die Fernsehsender und Filmproduktionsfirmen reagiert, die in den verschiedenen Kanälen ihre Netzpräsenz ausgebaut heben. Die 500 größten deutschen Unternehmen haben diesen Wandel verstanden. Sie haben im Durchschnitt 130 Videos im Internet hochgeladen – nicht nur Werbespots, sondern auch Clips über ihr Management, ihre Gründung, ihre Produkte, über Veranstaltungen, Tests und Qualitäts-Audits. Sie erzählen Geschichten mit den Mitteln des Content Marketings und Storytellings. Mit visuellem Storytelling sind beispielsweise Unternehmen wie Samsung erfolgreich.

Mit den Videoportalen erwächst den klassischen Contentproduzenten, den Fernsehmachern, potenziell Konkurrenz. Das Internet schaltet die »Wächterfunktion« des öffentlich-rechtlichen Fernsehens aus. Im Internet kann jeder sein eigenes Fernsehen machen, indem er eigene Videoclips hochlädt. Zu den bekanntesten Angeboten zählen MySpace und Youtube.

»Meist ist das, was einem selbst alltäglich erscheint, für die Öffentlichkeit interessant«, sagt Lars Bastian, Inhaber der Düsseldorfer Firma public vision, die TV- und Videobeiträge produziert. Ein besonderes Ereignis war beispielsweise der Austausch einer Scheibe am Düsseldorfer Rheinturm. Für die Glaserei Conzen in Düsseldorf ein alltäglicher Auftrag – für die Zuschauer ein Event, das auch Jahre danach noch im Video begeistert. Übrigens ist ein solches Ereignis auch eine Presse-Einladung und eine Pressemeldung wert.

Doch reicht es nicht, mit dem Smartphone einen Videoclip zu drehen und diesen auf Youtube hochzuladen. »Zeigen Sie mehr, machen Sie einen Film«, rät Lars Bastian. »Ein professionell gemachtes Video kann ein Eyecatcher für das Fernsehen und für die Kundenbindung sein.«

Ein Video allein reicht nicht, Regelmäßigkeit ist gefragt. Ebenso ist Ausgefallenes und Kurioses beliebt. Die Mutter aller Imagefilme ist »Didis Obststandl«, der weltweit erste Unternehmensfilm für einen Obst- und Gemüsestand. Realisiert von al Dente Entertainment, dem Team, das den Deutschen Wirtschaftsfilmpreis gewonnen hat. Der Text ist eine Ansammlung von allen Klischees, die man sich nur denken kann. Am Ende des Videos kommt die Auflösung: Es handelt sich hierbei um einen Imagefilm für SIGMA, am Schluss werden die Produkte beziehungsweise Objektive aufgelistet, mit denen dieser Film gedreht wurde.

Witziges kommt immer gut an. Kult sind auch die Werbung mit Babys für die Marke Evian oder die Videos der Firma Blendtec, bei denen allerlei Gegenstände, unter anderem ein iPad, in einer Küchenmaschine geschrottet werden.

»Die Kunst ist, in Bildern erzählen zu lernen«, betont Lars Bastian. »Komplexe Themen müssen auf die Zielgruppe heruntergebrochen werden. Wie das geht, lernt man entweder in Workshops oder man engagiert gleich einen Profi.«

Content Marketing ist das A und O. Auch hier gilt: In der Kürze liegt die Würze. Lieber drei Videopodcasts zu zwei Minuten in Folge produzieren, als die User mit einem zehnminütigen Sermon zu langweilen. Medientrainings können hier wahre Wunder bewirken. Und man sollte es nicht bei einer Trainingseinheit belassen, sondern auch hier zählt die Serie. Man muss immer wieder seine Auftritte analysieren, um sich für den nächsten Auftritt besser vorzubereiten. An seinem Auftreten und seiner Diktion muss man stetig feilen, um glaubwürdig zu wirken und seine Zuschauer zu bestricken. Übung macht den Meister! Und, es ist noch kein Meister vom Himmel gefallen. Denn man sollte nicht vergessen: Das Internet vergisst nie! So etwas wie Youtube gab es früher nicht. Einst waren Bilder flüchtig: Wer etwas im Fernsehen verpasst hatte, konnte es anderntags vielleicht in der Zeitung nachlesen. Heute öffnet er Youtube und gibt in die Suchmaske ein: »Horst Seehofer kanzelt Angela Merkel ab« – und schon laufen die Bilder.

Die Evian-Babys:
Klicken Sie auf https://goo.gl/boMWgb oder scannen Sie den QR-Code:

Blendtec:
Klicken Sie auf https://goo.gl/nT3fP oder scannen Sie den QR-Code:

Didis Obststandl:
Klicken Sie auf https://goo.gl/Hu4ETP oder scannen Sie den QR-Code:

18 Werbung und Sondersendeformen im Radio und im Fernsehen

»Radio wirkt und bleibt im Ohr«, heißt es in der Werbung für Radiowerbung. Im privaten Lokalfernsehen oder im Lokalradio können Sie Sendeplätze beziehungsweise Sendeminuten kaufen. Lokalradios und Lokalfernsehen bieten neben Spots, Sonderwerbeformen oder Bannerwerbung auch redaktionelle Formate. Machen Sie doch mal eine Livesendung aus Ihrem Haus. Die Mediaberater der Radio- und Fernsehbetreiber helfen Ihnen bei der Auswahl, Planung und professionellen Umsetzung.

Hörfunkwerbung bringt mehr Melodie in Ihren Werbeplan. Radio hat eine hohe Reichweite und wird über den Tag gehört – sei es morgens, am Frühstückstisch, im Auto auf der Fahrt zur Arbeit oder während der Hausarbeit. Radio ist ein sehr aktuelles Medium. Das kennen Sie vielleicht am besten von den Stauwarnungen. Redaktionell anmutende Werbespots im Werbeblock (so genannte »Infomercials«) liefern weitergehende Informationen über Ihre Produkte und Dienstleistungen. »Radiospots werden nebenbei mitgehört, erzeugen Emotionen und lassen ein Kino im Kopf entstehen«, sagt Jens Meulendyk, Mediaberater bei Antenne Düsseldorf. Von der klassischen Werbung inklusive Spotproduktion über Promotions & Events bis zu diversen Sonderwerbeformen gibt es für Sie verschiedene Möglichkeiten der Präsentation Ihres Unternehmens in den Lokalradios. Als Präsentator unterschiedlicher, aufmerksamkeitsstarker Rubriken können Sie diese mit Ihrem »Outro« (Ihrer Unternehmensnennung) abrunden.

Radiowerbung ist eine ideale Plattform zur Bekanntmachung Ihres Unternehmens. Treten Sie doch mal als Präsentator des Wetterberichts oder des Verkehrsfunks auf. Sponsern Sie einmal die Spiele Ihres Fußballvereins. Besonders beliebt ist die »Sondersendestunde«.

»In diesem redaktionellen Umfeld können Unternehmen noch mehr rüberbringen«, erklärt Jens Meulendyk. Eine Stunde lang steht ein beziehungsweise Ihr Unternehmen mit insgesamt vier Beiträgen von bis zu fünf Minuten (insgesamt etwa 20 Minuten) im »Rampenlicht« der Sendung. Damit genießen Sie die volle Aufmerksamkeit der Hörer. Die Unternehmerschaft Düsseldorf produziert beispielsweise gemeinsam mit *Antenne Düsseldorf* wöchentlich die »Düsseldorfer Wirtschaft« (mittwochs von 19:04 bis 20:00 Uhr). Die Sendungen können live im Radio und im Livestream gehört werden.

Hier können Sie ausgewählte Beiträge hören:

Klicken Sie auf
http://unternehmerschaft.wigadi.de/duesseldorfer-wirtschaft/ oder scannen Sie den QR-Code:

Vor der Meisterfeier und dem »Tag des Handwerks« kaufte die Handwerkskammer Sendezeit bei *Antenne Düsseldorf* und wies auf diese Events hin. Vom Tag des Handwerks berichtete *Antenne Düsseldorf* live vom Rathausplatz und lockte viele Menschen auf den Platz.

Ein weiteres Beispiel: Zusammen mit *Antenne Düsseldorf* und *Radio Neandertal* plant und produziert das Nahverkehrsunternehmen Rheinbahn die »Freifahrt«. Jeden Mittwoch geht die Sendung von 18 bis 19 Uhr auf *Antenne Düsseldorf*, dienstags von 18 bis 19 Uhr bei *Radio Neandertal* an den Start. In der Sendung erfahren die Hörer Wissenswertes, Spannendes und Menschliches aus Ihrer Region.

Diese Sondersendungen bieten auch eine gute Möglichkeit für Innungen, sich mit Ihrem Know-how zu präsentieren, etwa wenn es ums Energiesparen oder um die Vermeidung von Schimmelschäden durch richtiges Lüften und Heizen geht. Oder machen Sie auf Ihr Firmenjubiläum aufmerksam, kündigen Sie beispielsweise einen »Tag der offenen Tür« oder eine Backstubenbesichtigung an. Die Firma Rheinkalk in Wülfrath machte mit Radiospots auf ihren »Tag der offenen Tür« im Kalkwerk und Steinbruch aufmerksam. *Radio Neandertal* berichtete eine Stunde lang live direkt aus dem Werk.

»In den Paketen ist die professionelle Umsetzung durch die Moderatoren bereits enthalten. Sie müssen lediglich eine kleine Konzeption mit den Punkten erstellen, die Sie in der Sendung rüberbringen wollen. In Trailern wird mehrmals auf die Sendung hingewiesen«, erläutert Jens Meulendyk.

Auf dem Web-Guide der WDR mediagroup erfahren Sie in einfachen Schritten alles, was rund um Radio-Werbung wissenswert ist: http://www.meinersterradiospot.de.

Ihr Auftritt im Lokalfernsehen

Genauso effektiv ist Werbung im Lokalfernsehen. Im Gegensatz zum öffentlich-rechtlichen Fernsehen gehören die Lokalsender zum sogenannten »Bezahl-Fernsehen«, die sich durch Werbung finanzieren. Hier können Sie zu 100 Prozent den Inhalt bestimmen. TV-Werbung wirkt dauerhaft und emotional. Die optische und akustische Wahrnehmung verstärken die Erinnerung. Lokalkolorit erzeugt die höchste Identifikation mit den Zuschauern. Durch eine starke emotionale Bindung an »ihren Sender« nehmen die Zuschauer redaktionelle und werbliche Inhalte besonders intensiv wahr.

Als Full-Service-Dienstleister bieten die Lokalsender ihre Expertise von der Konzeption bis zum fertigen Film an.

Dies umfasst:

- Werbespots für Kino und TV
- Imagefilme für Präsentationen und Messen

- Firmenportraits für Homepage und Social Media
- Dokumentation von Veranstaltungen
- Web-TV

Im lokalen Sender *Center.tv Düsseldorf* präsentiert die Unternehmerschaft Düsseldorf beispielsweise die Sendung »Düsseldorfer Wirtschaft«: Als Informations- und Bildungskanal verfolgt die Wirtschaftssendung das Ziel, wirtschaftsrelevante Themen und Problemstellungen aufzugreifen, Lösungsansätze zu diskutieren sowie über Erfahrungen und gute Beispiele zu informieren.

Im Programm gibt es Livegäste, spannende Reportagen und tagesaktuelle Kurznachrichten. Ein weiteres Herzstück der Sendung ist das neuste arbeitsrechtliche Urteil, vorgestellt und kommentiert von einem Arbeitsrechtsexperten der Düsseldorfer Arbeitgeberverbände. Moderiert wird die Sendung von Chefredakteur Christian Zeelen.

Die Handwerkskammer Düsseldorf startete im Rahmen der Imagekampagne des Handwerks beispielsweise eine fünfzehnminütige Sendung unter dem Titel »Treffpunkt Handwerk«, in dem alteingesessene Handwerker oder Jungmeister vorgestellt und öffentliche Veranstaltungen sowie Ausstellungen des Düsseldorfer Handwerks angekündigt wurden.

Die Düsseldorfer Handwerksbäckerei Hinkel lässt ihren Imagefilm auf Center.tv auch als Werbespot laufen – lokaler geht es nicht. Außerdem sind schon zahlreiche TV-Beiträge über die Bäckerei erschienen. Gerade für kleine und mittelständische Unternehmen bieten die lokalen Fernsehsender eine gute Möglichkeit, ins Fernsehen zu kommen – auch wenn die öffentlich-rechtlichen Sender kein Interesse gezeigt haben. Da der WDR seine »Lokalzeit« beispielsweise stark ausgedünnt hat, füllen die Lokalsender jetzt diese Lücke aus. »Wichtig ist, dass Unternehmer sich eine Agenda setzen. Hangeln Sie sich zum Beispiel am Veranstaltungskalender entlang. Ein eigener Karnevalswagen des Handwerks im Rosenmontagszug oder Plätzchen backen mit Flüchtlingskindern in der eigenen Backstube sind außergewöhnliche Aktionen, die für die Öffentlichkeit interessant sind«, sagt Lars Bastian, Inhaber der Düsseldorfer Firma public vision, die TV- und Videobeiträge produziert.

19 Advertorials

Totgesagte leben länger. Wie oft wurde schon der Tod des analogen Mediums Tageszeitung vorausgesagt? Aber es gibt Printprodukte immer noch, auch wenn sich die Medienwelt im Wandel befindet. Aber welcher Kanal hat schon die Reichweite von zwölf Millionen Lesern? Welche Kundenzeitung hat die Seriosität einer Tageszeitung, der *Tagesschau* oder des *Heute Journals*? Die Eliten des Landes lesen nach wie vor klassisch Zeitungen und Zeitschriften. Deshalb lohnt es sich, in Content Marketing zu investieren.

83 Prozent der Entscheidungsträger in unserem Land nehmen täglich ein gedrucktes Papier in die Hand, schreibt das Magazin *Pressesprecher* in seiner Ausgabe vom Dezember 2015. Trotz Konsolidierung in den Medien gibt es immer noch einen großen Markt an Zeitungen und Zeitschriften. Wir haben in Deutschland eine der vielfältigsten Presselandschaften weltweit. Auch wenn Unternehmen mit Corporate Blogs selbst zu Verlegern werden, muss Content immer noch King bleiben. Auf dem ersten »PR-Morgen« Ende 2015 in Potsdam, gemeinsam vom Magazin *Pressesprecher* und vom Bundesverband deutscher Pressesprecher veranstaltet, waren sich die Diskussionsteilnehmer einig, dass auf langfristige Sicht Unternehmen qualitativ anspruchsvollen Journalismus brauchen, der die Unternehmensziele fachlich und nicht zu werblich nach außen vertritt. Die Platzierung in hochwertigen Printmedien würde Firmen einen guten Ruf verschaffen und die Marke stärken.

Das Advertorial ist bei Werbetreibenden beliebt, weil die Leser in höherem Maße aufnahmebereit sind, wenn sie den Werbeinhalt innerhalb ihres gewohnten redaktionellen Umfeldes lesen.

Der Begriff Advertorial stammt aus dem Englischen und setzt sich aus den beiden Worten »advertisement« (Anzeige) und »editorial« (redaktioneller Beitrag) zusammen. Ein Advertorial ermöglicht die Präsentation eines Angebotes im redaktionellen Design von Zeitschriften oder Zeitungen sowie auf Online-Portalen. Aufgrund der redaktionellen Anmutung ergibt sich eine hohe Glaubwürdigkeit des veröffentlichten Inhalts. Der Inhalt wird dabei »individuell« von Profis in journalistischer Aufmachung erstellt. Bei einem Advertorial handelt es sich also um einen »kaschierten Werbetext«. Das Advertorial muss dabei jedoch eindeutig als werbliches Angebot gekennzeichnet werden. Dies kann zum Beispiel durch den Zusatz »Anzeige« oder »Werbung« geschehen. Das deutsche Presserecht verlangt nämlich eine klare Trennung von redaktionellem Inhalt und Werbung.

Advertorials und Firmenportraits eignen sich erstklassig, um mittels gezielter Informationen die Bekanntheit bei der gewünschten Zielgruppe zu steigern, das Image zu beeinflussen oder neue Kunden zu gewinnen. Hier können auch komplexe Themen vermittelt werden. Mit *Content Marketing* lässt sich die Wahrnehmung von Unternehmen, Marken und Produkten unterstützen und positiv beeinflussen. Mit Advertorials nutzen Sie die journalistische Kompetenz eines Verlags. Magazine und Sonderveröffentlichungen bieten ein breites Umfeld, um ausführlicher über die wirtschaftlichen Themen in einer Region berichten zu können. Diese Präsentationsformen verfügen über flexible Möglichkeiten der Gestaltung: von Bilderstrecken bis hin zur Social-Media-Anbindung. Durch Platzierung der Beiträge in Lokal- und Themenressorts erreichen Sie eine passgenaue Zielgruppenansprache.

Am Anfang steht die Entscheidung, ob ein Advertorial in einem Print- oder einem Online-Medium erscheinen soll. Ein **Print-Advertorial** erscheint in der Regel in einer einzigen Ausgabe einer Zeitung beziehungsweise eines Magazins. Die Informationen sollten dabei attraktiv präsentiert werden, Fotos wirken hier als Blickfang.

Man kann Advertorials auch online präsentieren beziehungsweise das Print-Produkt mit einer Online-Veröffentlichung verbinden. Im Internet gibt es grundsätzlich keine zeitliche Befristung des Advertorials. In der Regel wird aber ein Vertrag für eine bestimmte Laufzeit eines Advertorials geschlossen. Außerdem besteht die Möglichkeit, das Advertorial über *Text-Teaser* (kurzer Textausschnitt) auf anderen (Unter-)Seiten des Angebots zu verlinken und somit noch größer zu platzieren.

Bei der Erstellung der Advertorials können Unternehmen vorbereitete Texte und Fotos anliefern. Vor der Veröffentlichung werden die Texte journalistisch aufbereitet, oder man vergibt den ganzen Erstellungsprozess gleich in professionelle Hände. Immer mehr Verlage bieten dies über ausgelagerte Kommunikationsagenturen an. Diese sind spezialisiert auf den Kundendialog und arbeiten mit professionellem Journalisten und Layoutern zusammen.

Die Rheinland Presse Service GmbH (RPS) in Düsseldorf zum Beispiel bearbeitet die Sonderthemen der *Rheinischen Post*, also werbliche und Servicethemen sowie Sonderseiten und mehrseitige Beilagen. Das Portfolio umfasst eine große Bandbreite von Advertorials, Kundenmagazinen bis hin zu klassischen journalistischen Formaten und Kiosk-Titeln wie »Mallorca geht aus« und »mein Rheinland«. Zudem produziert RPS Sonderthemen und Magazine für die *Westdeutsche Zeitung* und den *General-Anzeiger* in Bonn. »Laut einer Umfrage der BBC stören sich die Leser gar nicht an Content Marketing. Aber sie legen Wert darauf, dass die Inhalte qualitativ journalistischen Ansprüchen genügen. Wir verbinden journalistische Kompetenz mit viel Gefühl für das, was sich Kunden wünschen – und kennzeichnen das für den Leser deutlich«, verrät Geschäftsführer José Macias sein Erfolgsrezept.

RPS ist gut aufgestellt bei Print-und Online: 30 ausgebildete Redakteure, rund 300 freie Journalisten, Fotografen und Grafiker bilden ein Team mit professionellem Know-how. »Crossmedia wird in Zukunft eine noch größere Rolle spielen«, sagt Macias. »Es wird mehr Content Marketing in klassischen Medien geben – auf deren

Websites, auf Smartphones, Tablets und neuen Kanälen wie Snapchat. Man kann im Internet ganz anderes Storytelling machen – mit langen journalistischen Geschichten oder mit Multimedia-Anwendungen.«

Alles aus der Heimat – lokal kommt an

Auch Anzeigenblätter bieten hervorragende Möglichkeiten für Advertorials. Anzeigenblätter sind die Informationsquellen über Nachrichten aus der Umgebung, Veranstaltungen und Lokalpolitik. Die einstigen »Schmuddelkinder« des Print-Journalismus haben sich in Zeiten der Globalisierung zu lokalen Helden gemausert und geben regionale Orientierung in einer immer komplexeren Welt. Quer durch alle Bildungs-, Sozial- und Altersschichten sind sie ein beliebter Lesestoff in der Bevölkerung und ein verlässlicher Medienpartner für Inserenten.

Die WVW/ORA-Anzeigenblätter mit einer wöchentlichen Auflage von fünf Millionen beispielsweise sind seit über 38 Jahren in der Rhein-Ruhr-Region ganz nah dran am Markt. »Gemeinsam begleiten und organisieren wir mit den Werbetreibenden viele Aktionen vor Ort, vermitteln gerne Kontakte und liefern gute Netzwerke«, sagt Bernd ten Eicken, Objektleiter des *Rhein-Boten* in Düsseldorf. »Wir stellen uns diesen Herausforderungen mit Qualität und Engagement – ein gutes Anzeigenblatt hat einen ausgewogenen redaktionellen Teil, der sich mit lokalen und sublokalen Themen befasst, es nimmt Anteil am Leben in den Stadtteilen und Regionen, unterstützt Werbegemeinschaften sowie lokalen Handel und Handwerk, Vereine und Brauchtum und gestaltet so ein lebenswertes Quartier mit.«

Eine hohe Reichweite im Print – der *Rhein-Bote* kommt auf 300.000 Exemplare wöchentlich – ist heute nicht mehr alles; auch die Verlage haben erkannt, dass sie online neue Wege gehen müssen. Als sinnvolle Ergänzung zu den Anzeigenblättern hat die WVW/ORA den *Lokalkompass* ins Leben gerufen (WVW/ORA nennt den Lokalkompass selbst »die Heimatadresse im Netz«).

»Das ist eine Plattform, auf der neben unseren Redakteuren Leser und Bürger zu Reportern werden können und aktiv die Homepage, aber auch das Print-Produkt mitgestalten«, so ten Eicken. Ist eine Bilderserie besonders gelungen? Trifft ein Artikel das aktuelle Geschehen? Dann wird dies direkt vom Lokalkompass von den Redakteuren in die Print-Ausgabe übernommen. Werbetreibende können Kombi-Pakete Print/Online buchen und so die Vorteile des jeweiligen Mediums nutzen. So bilden beide Mediengattungen – Print und online – eine Symbiose, die auch in Zukunft Bestand haben wird.

Besonders für Handwerksunternehmen kann es sich lohnen, neben einer Anzeige einen redaktionellen Teil in einem Anzeigenblatt zu gestalten. Die Handwerkskammer Düsseldorf hat beispielsweise im Rahmen der bundesweiten Imagekampagne des Handwerks zum »Tag des Handwerks« Sonderseiten in den lokalen Anzeigenblättern ihres Kammerbezirks veröffentlicht.

Mit großem Erfolg: Zum »Tag des Handwerks« auf dem Düsseldorfer Rathausplatz kamen 2011 und 2012 jeweils 10.000 Besucher. In diesem Umfeld konnten sich auch Handwerksbetriebe mit Firmenportraits präsentieren und so von der Aufmerksamkeit des »Tag des Handwerks« profitieren, indem sie zum Beispiel auf ihren »Tag der offenen Tür« im Rahmen der Imagekampagne hinwiesen.

Content Marketing und Advertorials stellen auch eine gute Gelegenheit für Innungen dar, ihre Mitgliedsbetriebe und ihr handwerkliches Know-how in einem redaktionellen Umfeld zu präsentieren wie das folgende Beispiel der Elektro-Innung Düsseldorf und der Handwerkskammer Düsseldorf zeigt.

Beispiel für eine Serie mit Verbrauchertipps

16 Klimaschutz-Serie

UNSERE THEMEN

Einfach den Stecker ziehen

Viele Verbraucher fragen sich, wo sie mit dem Stromsparen im Haushalt anfangen sollen. Dabei kann man schon mit simplen Maßnahmen den Verbrauch senken.

Aktionstage Nachhaltigkeit

SERVICE

Quelle: Mein Beitrag vom 11.12.2015 in der WZ (Westdeutsche Zeitung)

Für eine bessere Ansicht klicken Sie hier: http://goo.gl/VLnlQn oder scannen Sie den QR-Code:

20 Workflows in der Kommunikation

Wenn Sie Ihre Pressearbeit ausbauen – dies gilt in erster Linie für größere mittelständische Unternehmen und Verbände sowie Vereine, aber auch für Kammern, Innungen und Kreishandwerkerschaften – werden Sie nicht daran vorbei kommen, die Arbeitsabläufe zu automatisieren. Die Kommunikation im Zeichen der Digitalisierung ist heute einfach IT-getrieben. Es gibt heute viele Instrumente wie etwa Content Marketing und Kanäle beispielsweise neben Zeitungen auch Social Media, wie wir in den vorausgegangenen Kapiteln gesehen haben. Mit einer einfachen EXCEL-Liste oder einem Outlook-Verteiler als Pressedatenbank werden Sie schnell an Ihre Grenzen stoßen. Ganz wichtig ist auch die regelmäßige Aktualisierung Ihrer Adressdaten. Laufend aktualisierte Presse- und Medienhandbücher beziehungsweise Datenbanken wie der *Stamm* oder *Zimpel* sind für eine professionelle Pressearbeit unerlässlich; sie bieten ein umfangreiches Adressverzeichnis von Redaktionen.

Aber glücklicherweise, und darauf möchte ich hier zum Schluss noch hinweisen, gibt es PR-Software speziell für die Pressearbeit: Redaktionskontakte pflegen, verschiedene Presseverteiler erstellen und aktualisieren, schneller Versand über personalisierte E-Mails, Auswertungen, Clippings, Kontaktmanagement oder Medienportal. Die Workflows (Abläufe) in der Pressearbeit können Sie ganz einfach webbasiert erledigen.

Ein solches Tool ist beispielsweise *myconvento*. »Wer die Instrumente nicht sinnvoll verzahnt, arbeitet weder effizient noch qualitativ gut«, sagt Convento-Geschäftsführer Rainer Maassen. »Sie sollten beim Datenmanagement Systembrüche vermeiden. Wenn sich jemand für Ihren Newsletter anmeldet, sollten die Daten automatisch übernommen werden und nicht erst per Hand nachgepflegt werden.« Ebenso sollten auch die Kontaktdaten auf dem Laufenden gehalten werden. *Myconvento* arbeitet hier mit der Datenbank von *Stamm*.

Unter anderem können Sie in *myconvento* auch eine komplette Kontakthistorie aufbauen. Beispielsweise wird bei einer E-Mail-Anfrage die anfragende Person (wenn nicht schon als Kontakt angelegt) in die Datenbank übernommen, die E-Mail an den zuständigen Ansprechpartner im Unternehmen weitergeleitet, dort in die Aufgabenliste des Kollegen eingetragen und nach Beantwortung der Anfrage der komplette Vorgang archiviert.

Es gibt auf dem Markt auch andere Anbieter von PR-Software, die nach dem gleichen Prinzip funktionieren. Alle sind darauf spezialisiert, die Prozesse der Pressearbeit zu automatisieren und Ihnen die Arbeit zu erleichtern.

Workflow einer Newsletter-Anmeldung

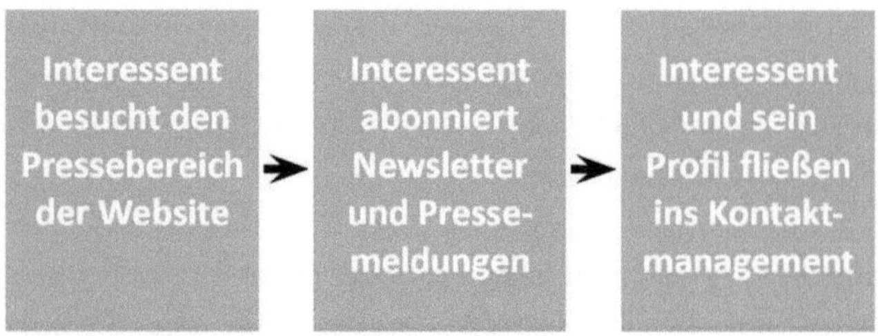

Grafik: Werner Schramm, Krefeld

Anhang

Literaturtipps

Die Literaturliste zum Thema Pressearbeit und Public Relations ist ziemlich lang und sie erweitert sich ständig. Über Suchmaschinen, Bibliothekskataloge und Buchshops lassen sich zum Thema viele Publikationen finden. Deshalb habe ich auf eine ausführliche Liste einzelner Autoren und Titel verzichtet.

Nachfolgend einige Empfehlungen, die meiner Meinung nach das Thema beispielhaft einfach, kompakt sowie verständlich darstellen und sich zur vertiefenden Lektüre anbieten.

In meiner Kolumne im Internet schreibe ich regelmäßig zu PR-Themen. Schauen Sie mal rein unter www.ok-text.de

Erens, Oliver, Pressearbeit für Dummies, Weinheim (Wiley-VCH Verlag) 1. Aufl. 2009.

Yaverbaum, Eric/Bly, Robert W. und weitere, PR für Dummies, Weinheim (Wiley VCH-Verlag) 2. Aufl. 2007.

Fröhlich, Karl/Heggmaier, Daniela, Public Relations, Berlin (Cornelsen Verlag) 2. Aufl. 2008.

Projektteam Lokaljournalisten, ABC des Journalismus, München (Ölschläger) 10. Aufl. 2004.

Schneiders, Martina, Die Pressekonferenz, Konstanz (UVK Verlagsgesellschaft) 2012.

Medien-Datenbanken

Hier eine Auswahl der wichtigsten Nachschlagewerke und Datenbanken für Pressekontakte.

Kroll Presse-Taschenbücher (zu zahlreichen Themen erhältlich), www.kroll-shop.de.

Stamm Leitfaden durch Presse und Werbung, Presse- und Medienhandbuch, Essen (Stamm-Verlag) mit jährlicher Aktualisierung.

Oeckl Taschenbuch des öffentlichen Lebens Deutschland, Bonn (Festland Verlag) mit jährlicher Aktualisierung (auch auf CD-ROM erhältlich).
Im Oeckl finden Sie Namen, Daten und Fakten zu allen wichtigen Akteuren in Politik, Wirtschaft, Gesellschaft und Kultur.

Zimpel Online, Medien-Datenbank und PR-Sofware in einem, www.zimpel.de

PR-Software

Hier eine Auswahl von Software für Ihre Pressearbeit. Die Liste erhebt keinen Anspruch auf Vollständigkeit. Unter dem Suchwort »PR-Software« finden Sie im Internet weitere Programme und Anbieter.

Altares Symphony, www.pr-software.de
Cision, www.cision.com/de
Medius, www.medius-online.de
Myconvento, www.myconvento.com
PressFile, www.pressfile.de
PRINS PR-Software, www.pr-software-prins.de
PR Solutions, www.meltwater.com/de
Zimpel Online, www.zimpel.de

Presseportale

Hier eine Auswahl von kostenlosen Presseportalen. Einen guten Überblick über die vielen Portale bietet **PR Gateway** (www.pr-gateway.de).

openpr.de
firmenpresse.de
online-artikel.de
fair-news.de
www.perspektive-mittelstand.de/Pressedienst
prcenter.de
presseanzeiger.de
trendkraft.de

Index

A

Abbinder 36, 39
Advertorial 105
AIDA 15
Anzeigenblätter 108
Arbeitsalltag bei Journalisten 20
Arbeitstag von Redakteuren 22

B

Bewegtbild 98
Blanko-Muster Pressemeldung 40

C

Content Marketing 79, 98, 105ff.
Copyright 64
Credit 64

D

Dachzeile 36, 38
Dropbox 64

E

E-Mail 48, 65
Erfolgskontrolle 73
Erstkontakt 26

F

Festschrift 69, 92, 95
Firmenjubiläum 23, 52, 94, 96
flickr 64
Freelancer 73
Freie Dienstleister 73
freie Journalisten 90
freie Mitarbeiter 73, 90

G

GMX-Mediacenter 64
Google Drive 64
Gnadentaler Unternehmertisch 84

H

Handwerkskammer 26
History Communication 92

I

IHK 26
Infomercials 101

J

Journalistisches Schreiben 33

K

KISS-Prinzip 75
Kontaktaufnahme 27
Kurzportrait siehe Abbinder

L

Land der Ideen 69
Lokalkompass 108

M

Marketing 75
Medien-Datenbanken 115

Microsoft One Drive 64

N

Nachrichten-Check 43
Newsdesk 21
Newsroom 21

O

Öffentlichkeitsarbeit 80
Online-Redaktionen 20
Oral History 95
Outro 101

P

PR 12
Präsentationstechnik 60
PR-Desaster 67
Presse-Einladung 52
Presse-Information 24, 35
Pressekonferenz 56
Pressemappe 66
Pressemeldung 35
Presseportale 65, 116
Pressesprecher 60
Pressetermine 52
PR-Software 116
Public Relations 12

R

Radio 101

S

Sondersendestunde 102
Sperrfrist 43
Storytelling 74

T

Tag des Handwerks 102, 109
Text-Mail 47

U

Überschrift 37
umgekehrte Pyramide 32

V

Video 98

W

Werbespots 98, 101, 103
Werbung 12ff., 70f., 75, 101, 103, 106
W-Fragen 34ff., 40

Y

Youtube 98ff.

Z

Zeitungsredaktionen 20